高等院校近机械类、非机械类适用教材

# 现代工程制图习题集

## （第 2 版）

张兰英　盛尚雄　陈卫华　主编

北京理工大学出版社
BEIJING INSTITUTE OF TECHNOLOGY PRESS

## 内 容 提 要

本习题集与高等院校教材《现代工程制图(第2版)》配合使用。内容包括:制图的基本知识与技能;投影的基本理论;点、直线和平面的投影;立体及其立体表面的交线的投影;组合体三视图的画图和看图及尺寸标注;轴测投影图;视图、剖视图和断面图;零件图、齿轮、螺纹及其他连接、公差、装配图、计算机绘图等。

本习题集适用于高等院校近机类、非机类专业,亦可供其他相近专业使用或参考。有些章、节可根据不同专业的需要选用。

**版权专有　侵权必究**

### 图书在版编目(CIP)数据

现代工程制图习题集/张兰英,盛尚雄,陈卫华主编. —2 版. —北京:北京理工大学出版社,2010.7 (2017.9 重印)
ISBN 978 - 7 - 5640 - 3193 - 0

Ⅰ.①现…　Ⅱ.①张…②盛…③陈…　Ⅲ.①工程制图-高等学校-习题

Ⅳ.①TB23 - 44

中国版本图书馆 CIP 数据核字(2010)第 086336 号

---

出版发行 / 北京理工大学出版社
社　　址 / 北京市海淀区中关村南大街 5 号
邮　　编 / 100081
电　　话 / (010)68914775(办公室)　68944990(批销中心)　68911084(读者服务部)
网　　址 / http: / / www.bitpress.com.cn
经　　销 / 全国各地新华书店
印　　刷 / 三河市天利华印刷装订有限公司
开　　本 / 787毫米×1092毫米　1/16
印　　张 / 6.75
字　　数 / 132 千字
版　　次 / 2010 年 7 月第 2 版　2017 年 9 月第 10 次印刷　责任校对 / 陈玉梅
定　　价 / 20.00 元　　　　　　　　　　　　　　　　　　　　责任印制 / 边心超

图书出现印装质量问题,本社负责调换

# 前　　言

　　本习题集以教育部高等学校工科制图课程教学指导委员会关于《画法几何及机械制图》课程教学基本要求为依据,根据近年来发布的国家新标准,结合我校近年来对《工程制图》课程体系、课程内容教学改革的要求编写而成,与张兰英等编的《现代工程制图(第2版)》教材配合使用。

　　本习题集适用于高等院校近机类、非机类专业,亦可供其他相近专业使用或参考。有些章、节可根据不同专业的需要选用。

　　本习题集由张兰英副教授、盛尚雄副教授和陈卫华副教授任主编。参加编写习题集的有:张兰英(第二章、第三章、第四章、第五章、第九章)、盛尚雄(第六章、第七章、第八章、附录)、陈卫华(第一章)等同志。本书由章阳生教授审稿。

　　由于作者水平有限,编写时间仓促,错误、不当之处在所难免,我们热诚希望广大读者提出宝贵的意见与建议,以便今后继续改进。谨此表示衷心感谢。

编　者

# 目　　录

第一章　制图的基本知识与技能 …………………………………………………（1）

第二章　点、直线和平面的投影 …………………………………………………（8）

第三章　立体及其立体表面的交线 ………………………………………………（17）

第四章　组合体视图 ………………………………………………………………（29）

第五章　轴测图 ……………………………………………………………………（55）

第六章　机件的各种表达方法 ……………………………………………………（63）

第七章　零件图 ……………………………………………………………………（86）

第八章　标准件与常用件 …………………………………………………………（91）

第九章　装配图 ……………………………………………………………………（99）

## 1-1 字体练习

## 第一章 制图的基本知识与技能

制图校对审核序号名称数量材料比例班级零件

装配螺栓螺母垫圈弹簧键销滚动轴承齿轮蜗杆

箱盘盖叉架规格备注粗糙度技术要求标准认真

1-1　字体练习（练习内容为第 1 页汉字）

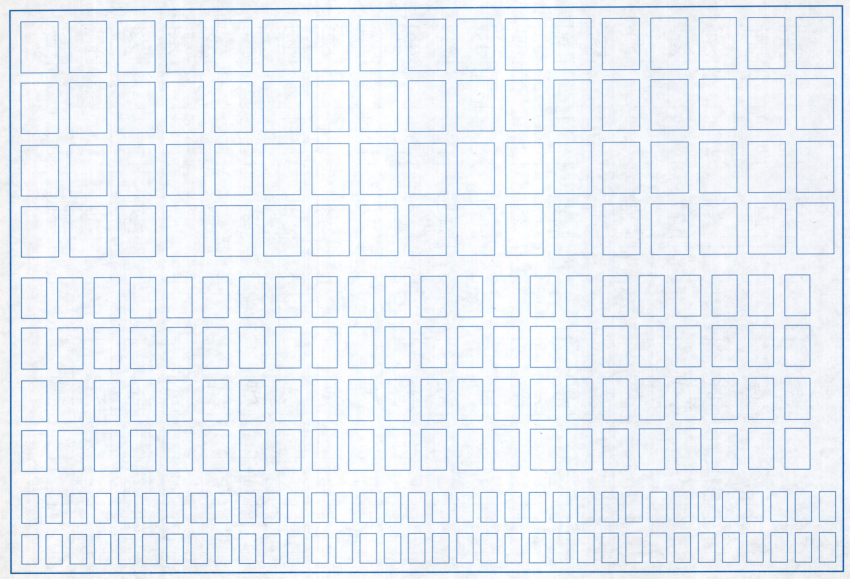

班级　　姓名　　学号

## 1-1 字体练习

**1234567890RΦ ABCDEFGHIJKLMNOPQRSTUVWXYZ**

**abcdefghijklmnopqrstuvwxyz αβγ**

**I II III IV V VI IX X**

## 1-2 图线及尺寸标注

将下图按2:1的比例分别抄画在A3图纸上，并标注给出的尺寸。

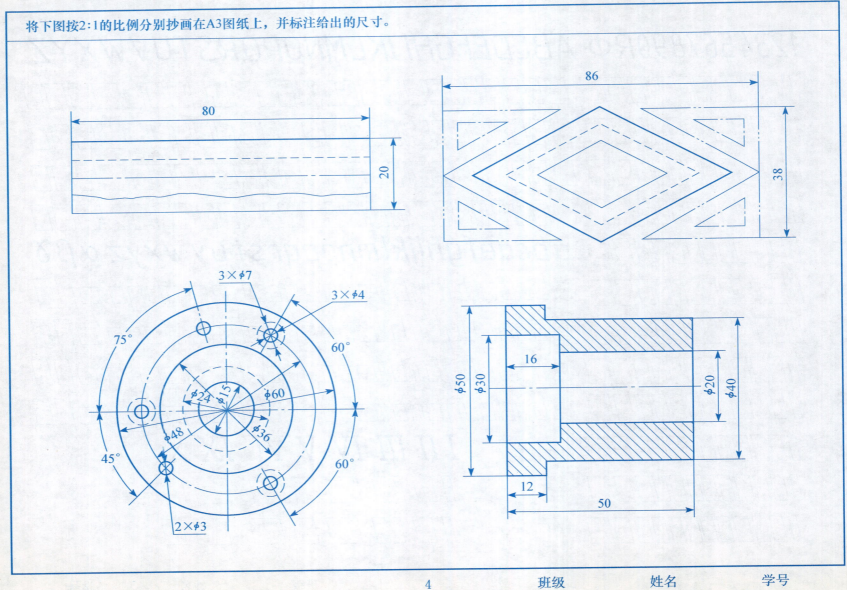

### 1-3 几何作图

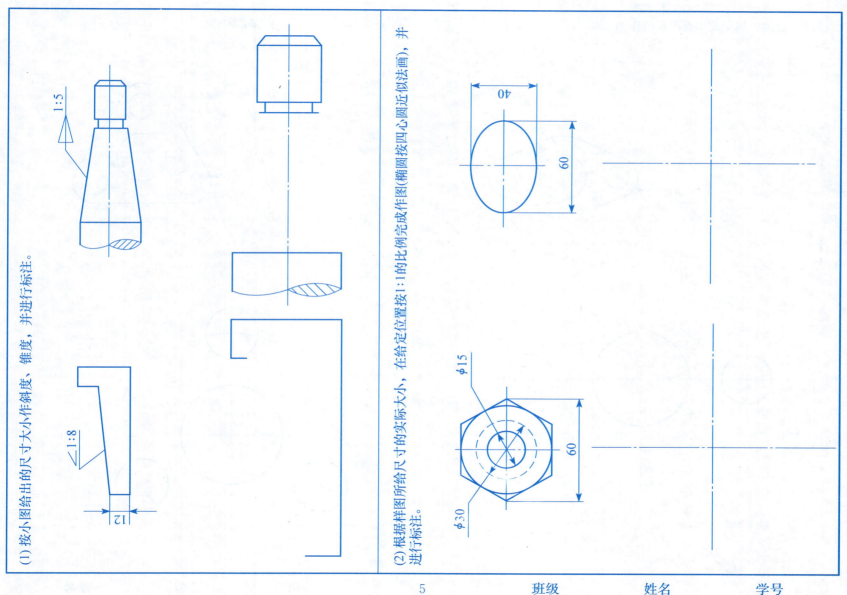

## 1-3 几何作图

(3) 按1:1的比例完成平面图形的作图。

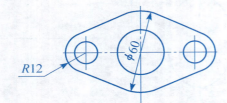

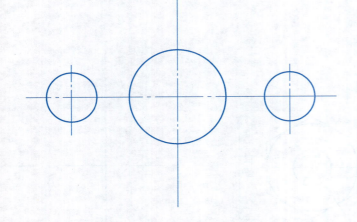

(4) 按1:1的比例完成平面图形的作图。

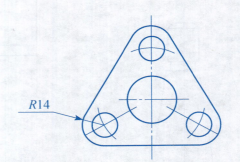

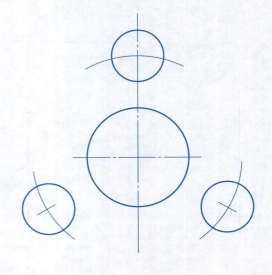

## 1-4 尺寸标注练习

根据《机械制图》国家标准关于尺寸标注的规定标注尺寸(尺寸数值可直接从图上量取并取整数值)。

(1) 标注各方向的线性尺寸。

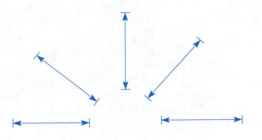

(2) 注出直径。

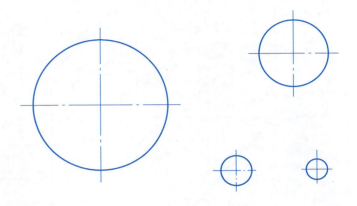

(3) 注出半径。

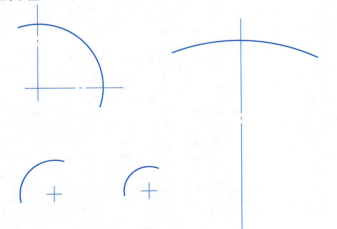

(4) 注出角度。

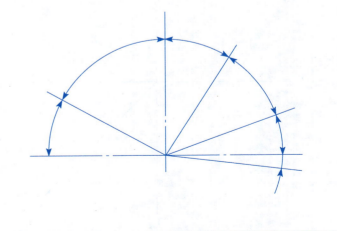

## 2-1 点的投影

### 第二章 点、直线和平面的投影

(1) 根据轴测图作出点A、B、C的投影(尺寸按1:1从立体图中量取)。

(2) 作出点$A(30, 25, 35)$、点$B(20, 15, 10)$和点$C(10, 30, 0)$的三面投影。

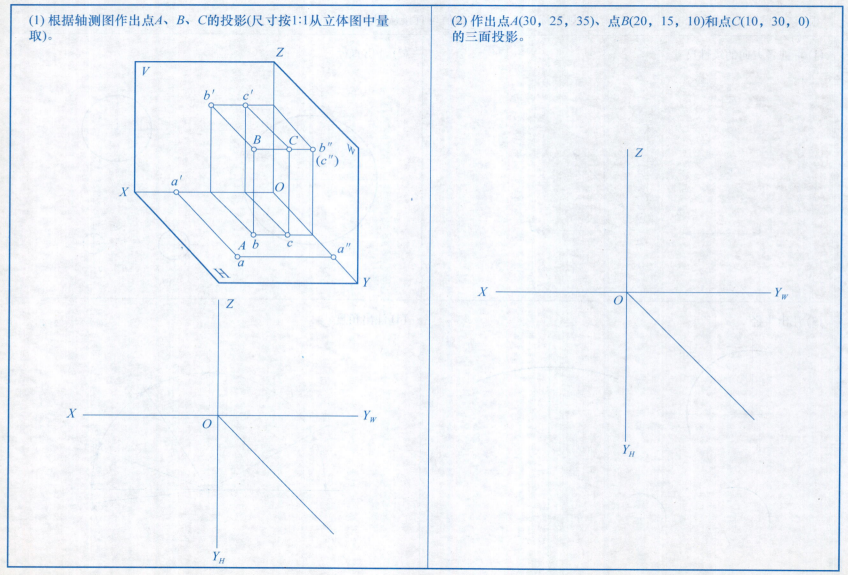

## 2-1 点的投影

(3) 已知点B距离点A为15；点C与点A是对V面的重影点，点D在点A的正下方20。补全诸点的三面投影，并表明可见性。

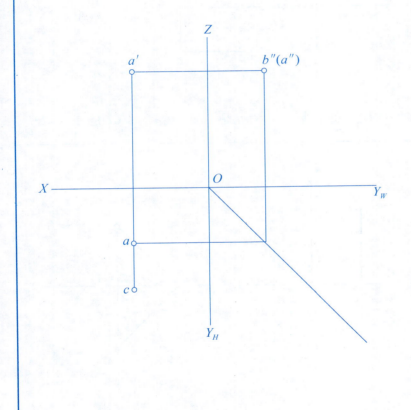

(4) 比较三点A、B、C的相对位置。

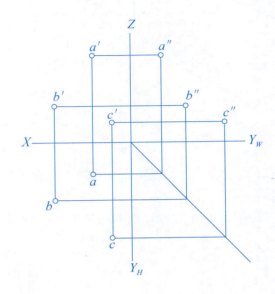

B点在A点：（上、下）_____ mm。
　　　　　（左、右）_____ mm。
　　　　　（前、后）_____ mm。

B点在C点：（上、下）_____ mm。
　　　　　（左、右）_____ mm。
　　　　　（前、后）_____ mm。

C点在A点：（上、下）_____ mm。
　　　　　（左、右）_____ mm。
　　　　　（前、后）_____ mm。

## 2-2 直线的投影

(1) 判别下列各直线是何种位置直线。

AB是_____线　　CD是_____线　　EF是_____线　　GH是_____线　　AB是_____线　　CD是_____线

(2) 求出下列各直线的第三投影，并说明各直线是何种位置直线。

AB是_____线　　　　EF是_____线　　　　GH是_____线　　　　GH是_____线

班级　　姓名　　学号

## 2-2 直线的投影

(3) 在三投影图中标出立体图上所示各直线的三面投影，并说明它们是什么位置直线。

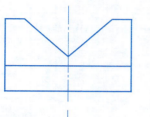

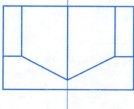
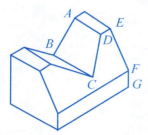

AB 是 _____ 线； DE 是 _____ 线；
BC 是 _____ 线； EF 是 _____ 线；
CD 是 _____ 线； FG 是 _____ 线。

(4) 已知直线AB和CD的两面投影，求其第三面投影，说明它们是什么位置直线，并在立体图中标出各直线的位置。

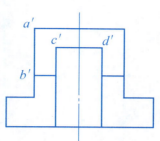

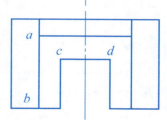
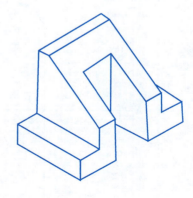

AB 是 _____ 线；
CD 是 _____ 线。

## 2-2 直线的投影

(5) 已知直线CD端点C的投影，CD长20mm，且垂直于V面，求其投影。

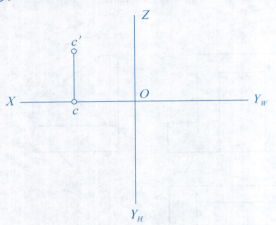

(6) 已知EF∥V面，点E、F离H面分别为5mm和15mm，求其投影。

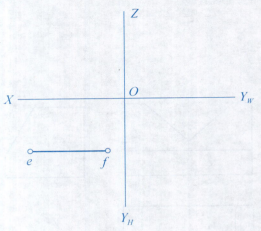

(7) 已知直线AB为水平线，AB=20mm，β=30°，作出直线AB的三面投影。

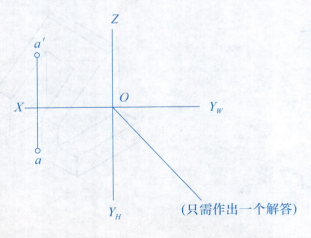

(只需作出一个解答)

(8) 已知直线AB，在其上求一点K，使AK:KB=2:3。

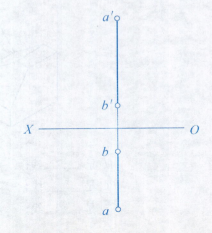

## 2-3 平面的投影

1. 想像下列各平面的空间位置，并分别写出名称。

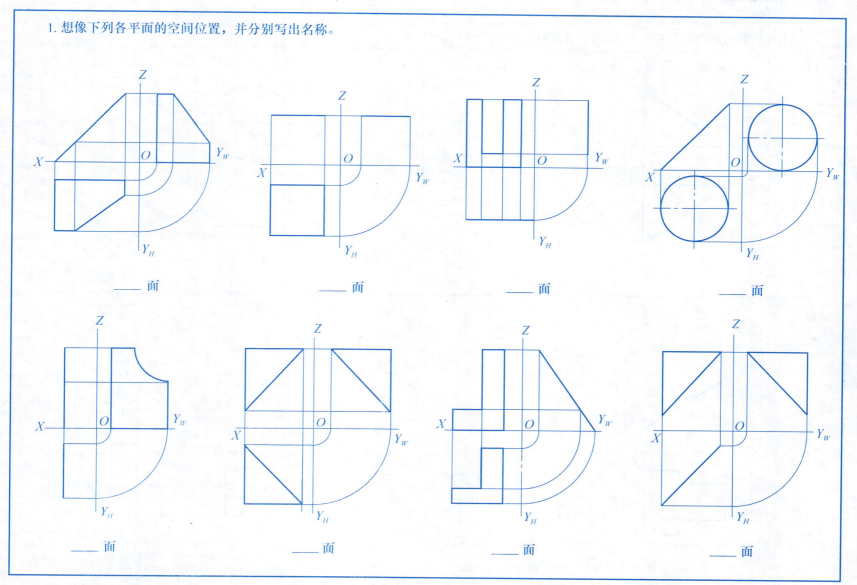

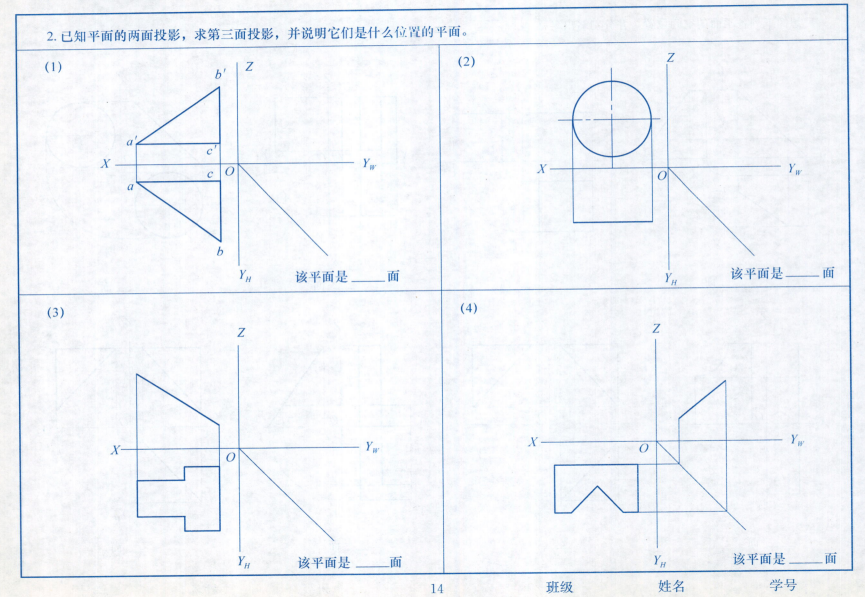

## 2-3 平面的投影

**3.** 在三投影图中标出立体图上所示各平面的三面投影，并说明它们是什么位置的平面。

(1)

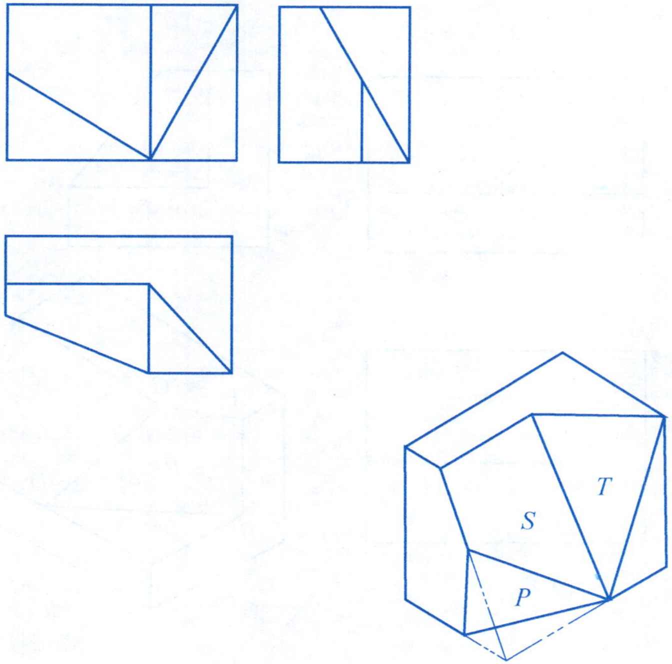

面 $P$ 是 _____ 面；
面 $S$ 是 _____ 面；
面 $T$ 是 _____ 面。

(2)

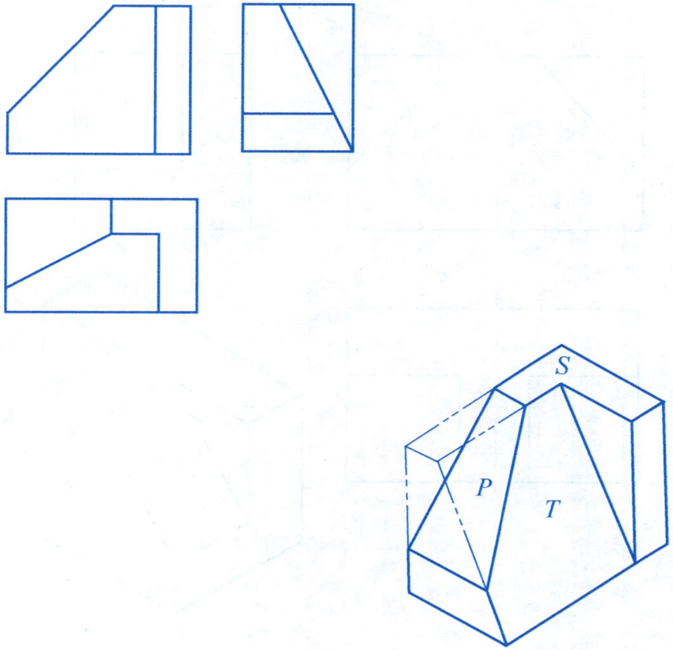

面 $P$ 是 _____ 面；
面 $S$ 是 _____ 面；
面 $T$ 是 _____ 面。

## 2-3 平面的投影

**4. 对照立体图，在投影图上注出直线和平面的投影，并说明它们的位置。**

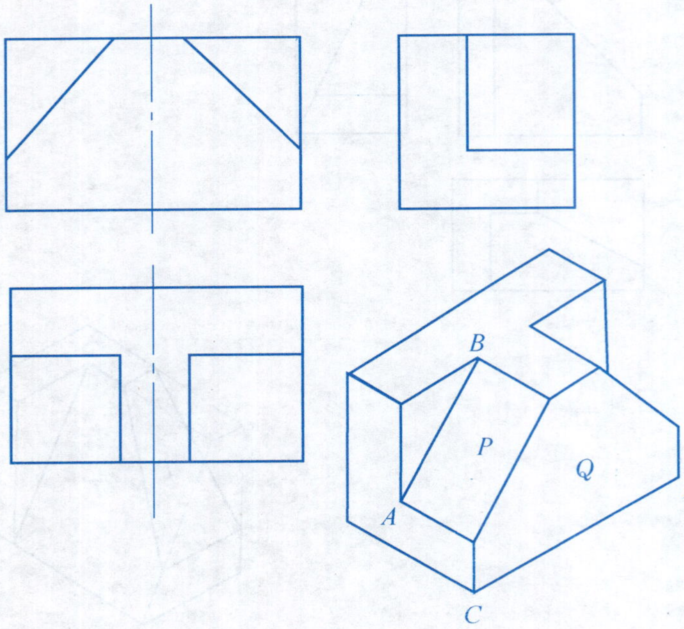

直线 AB 是 _____ 线；

直线 CD 是 _____ 线；

平面 P 是 _____ 面；

平面 Q 是 _____ 面。

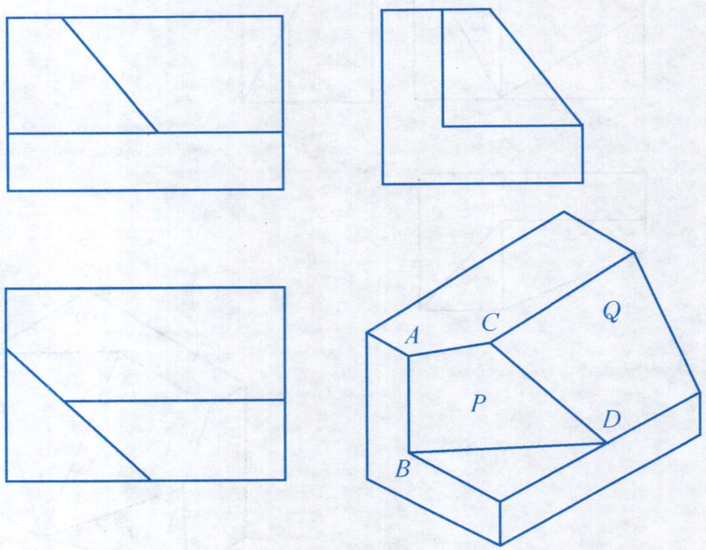

直线 AB 是 _____ 线；

直线 AC 是 _____ 线；

平面 P 是 _____ 面；

平面 Q 是 _____ 面。

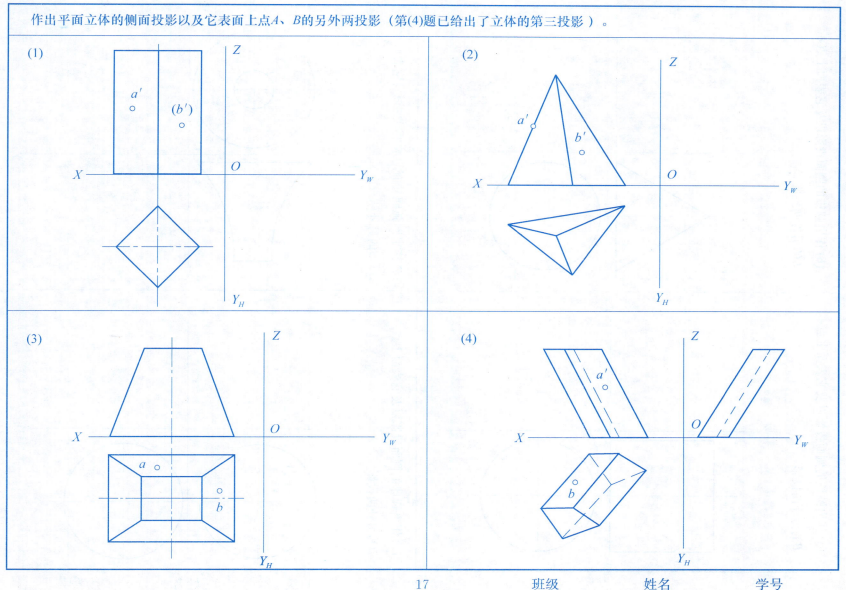

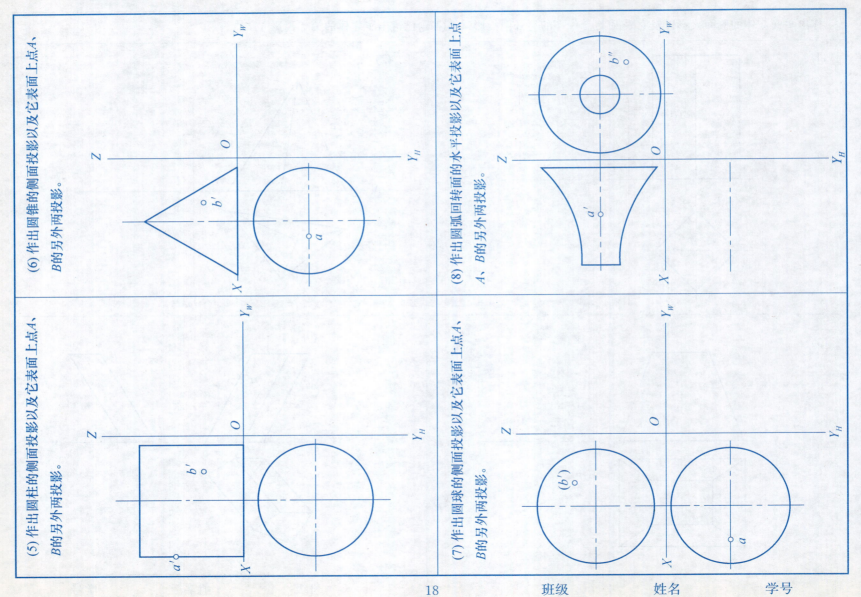

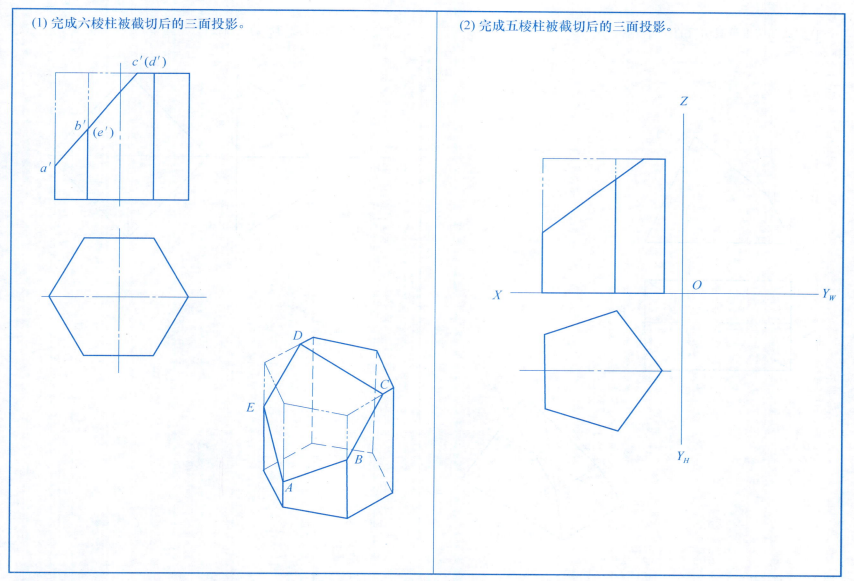

## 3-2 平面与平面立体相交

(3) 完成四棱锥被截切后的三面投影。

(4) 完成四棱锥被截切后的三面投影。

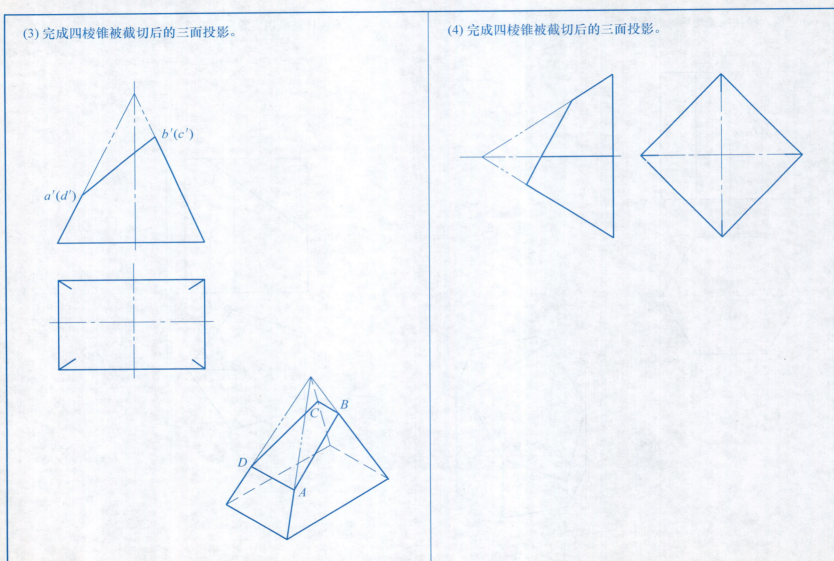

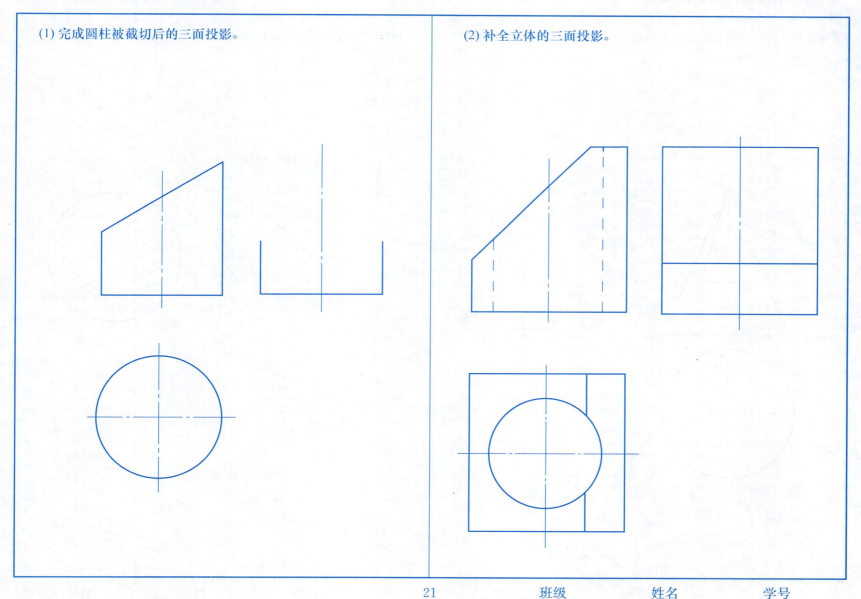

## 3-3 平面与曲面立体相交

(3) 补全圆锥被截切后的三面投影。

(4) 补全圆锥被截切后的三面投影。

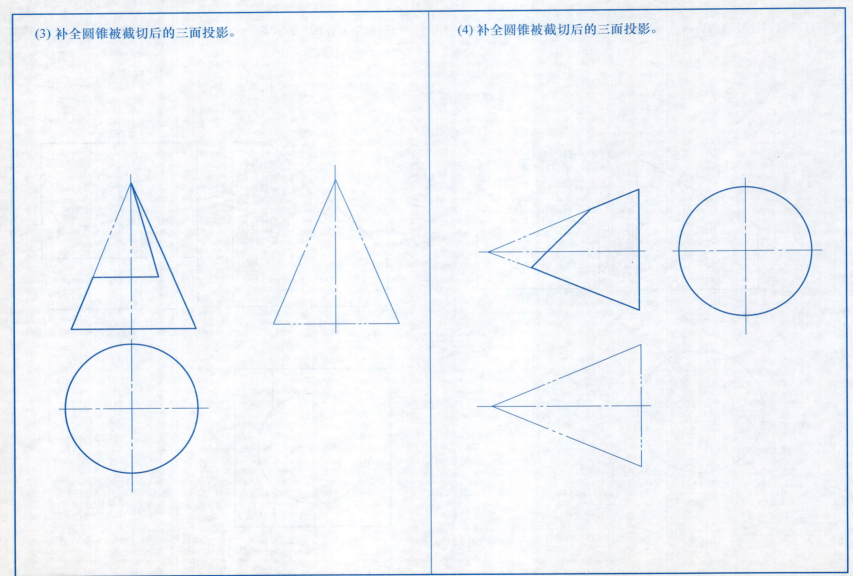

## 3-3 平面与曲面立体相交

(5) 补全圆球体被截切后的三面投影。

(6) 画出被平面截切后的回转体的正面投影。

## 3-4 两立体相交

(1) 完成三棱柱与三棱锥相交的正面投影。

(2) 完成圆柱与四棱锥相交的投影。

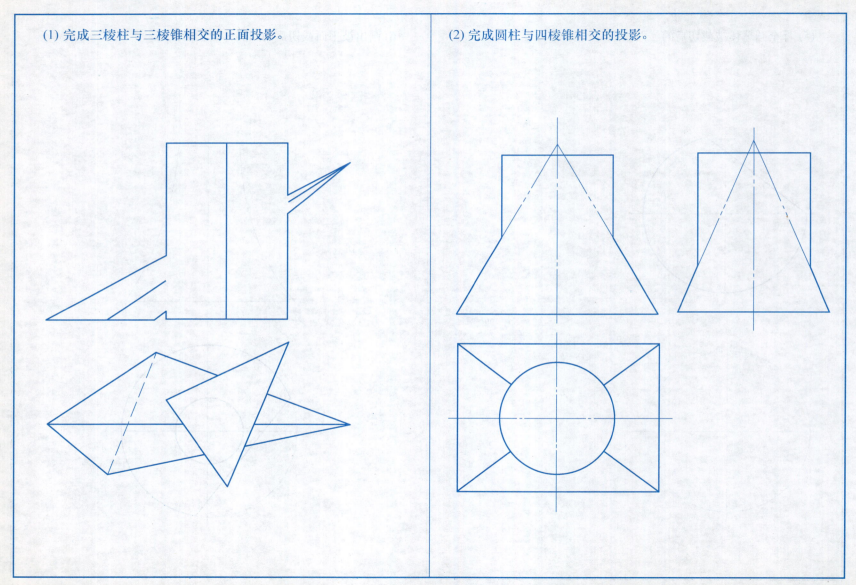

## 3-4 两立体相交

画出下列各立体表面内、外相贯线的投影。

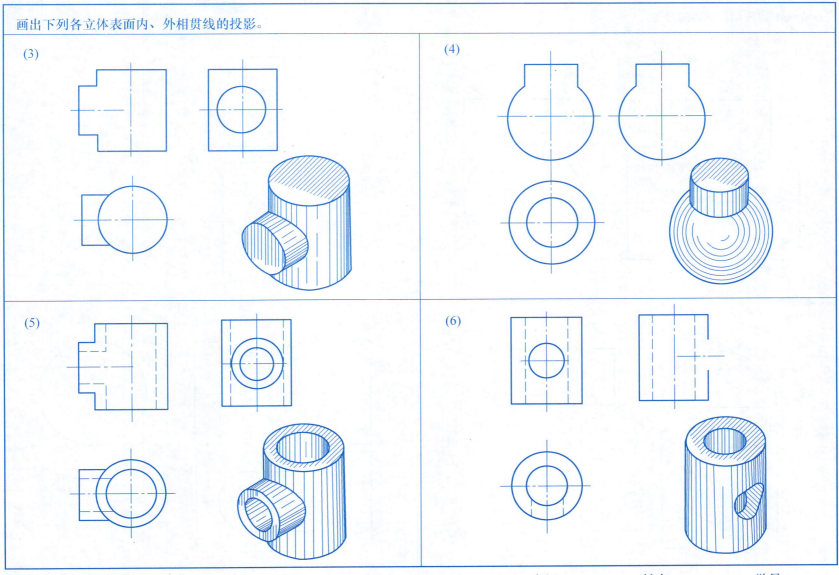

## 3-4 两立体相交

完成下列各相贯立体的投影。

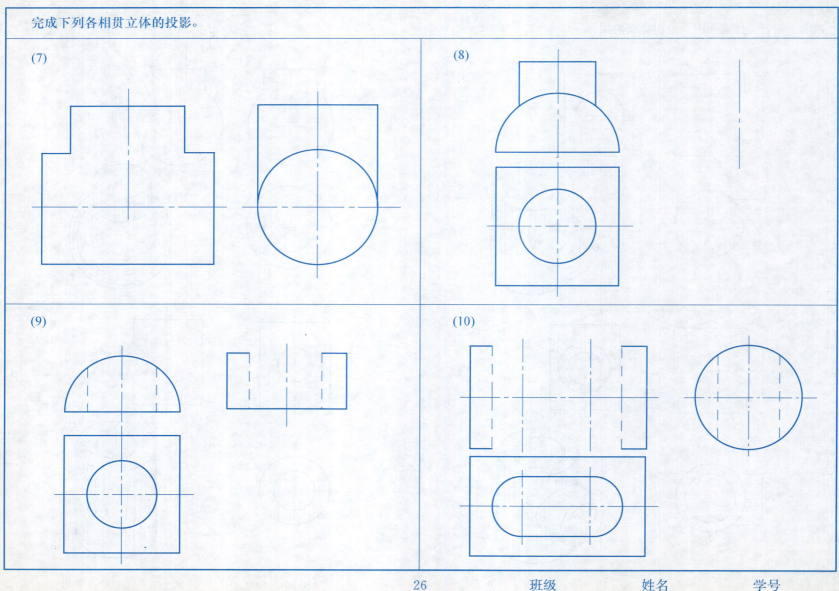

## 3-4 两立体相交

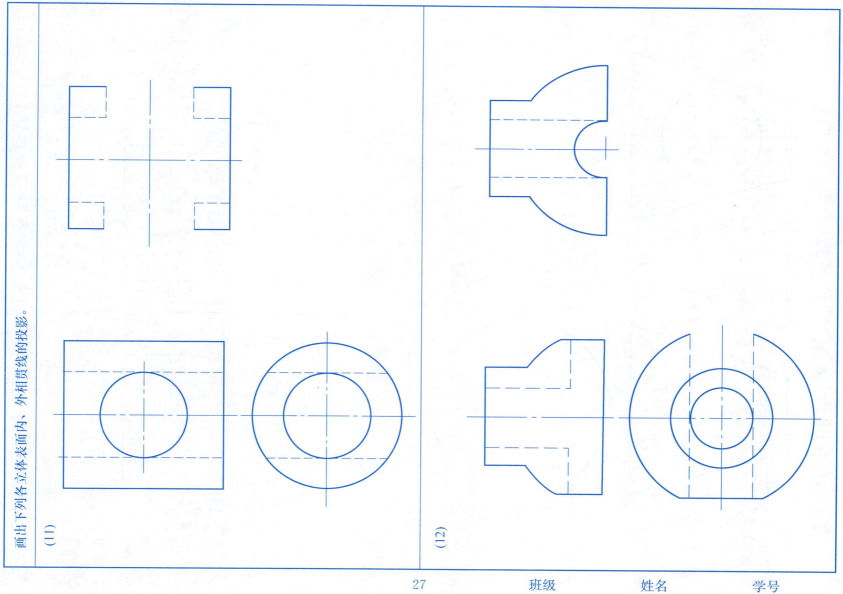

### 3-4 两立体相交

(14) 作出物体表面相贯线的投影。

(13) 完成圆柱与圆锥合相贯的投影。

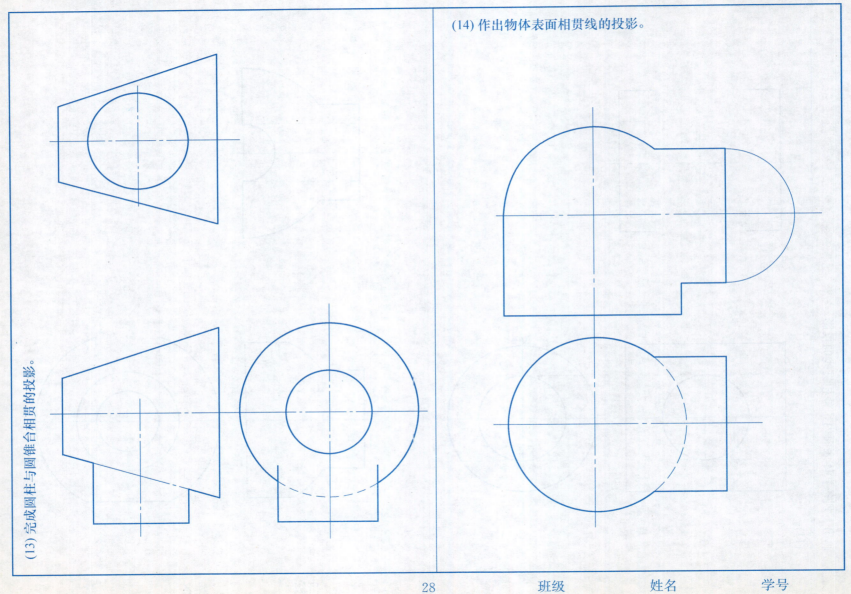

## 4-1 由轴测图画三视图

## 第四章 组合体视图

1. 看懂下列各轴测图，在 4-1 习题 2 中找出所对应的三视图，并将其编号填在该轴测图旁的圆圈内。

## 4-1 由轴测图画三视图

2. 根据 4-1 习题 1 上的轴测图，找出相对应的三视图。

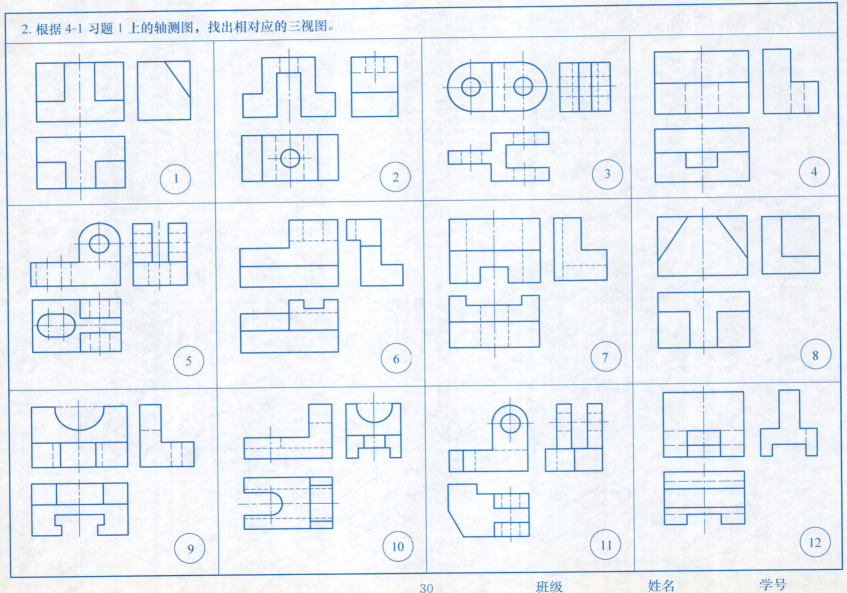

## 4-1 由轴测图画三视图

3. 根据轴测图补齐视图中所缺的图线。

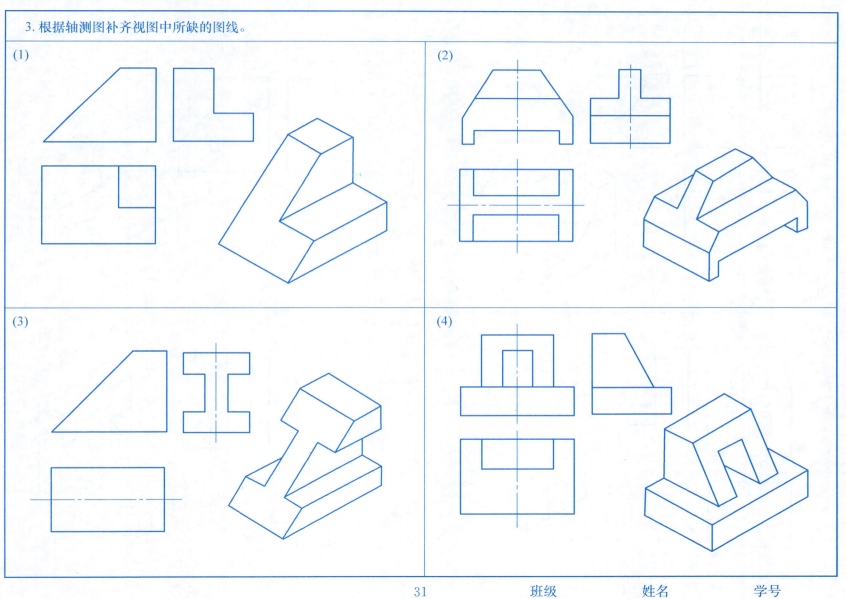

(1)　　　　　　　　　　　　(2)

(3)　　　　　　　　　　　　(4)

## 4-1 由轴测图画三视图

3. 根据轴测图补齐视图中所缺的图线。

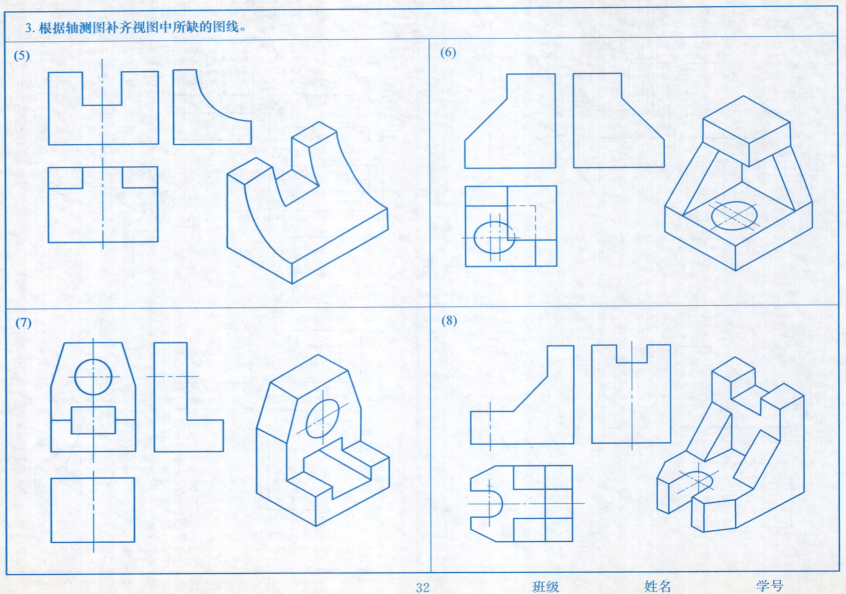

## 4-1 由轴测图画三视图

4. 根据轴测图上的尺寸画三视图(视图上不要求注尺寸)。

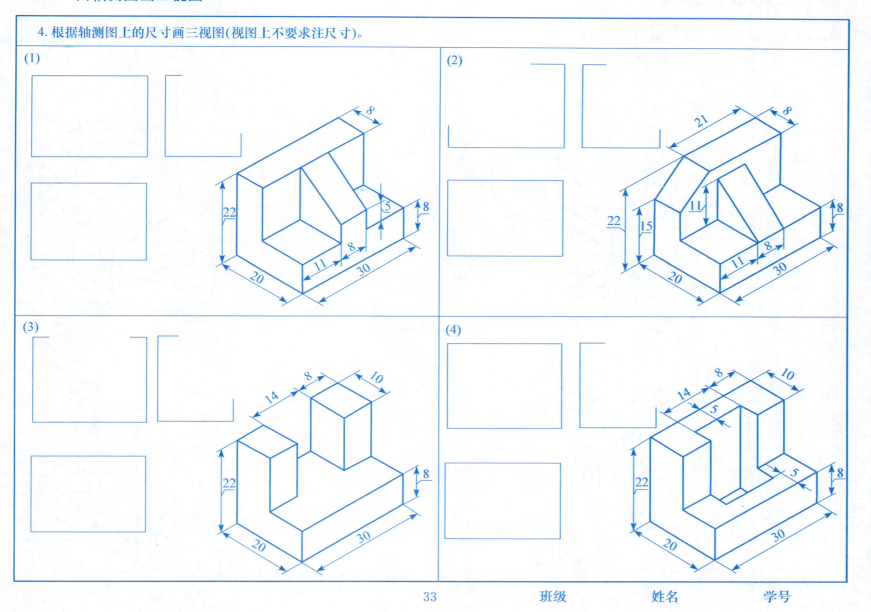

## 4-1 由轴测图画三视图

4. 根据轴测图上的尺寸画三视图(视图上不要求注尺寸)。

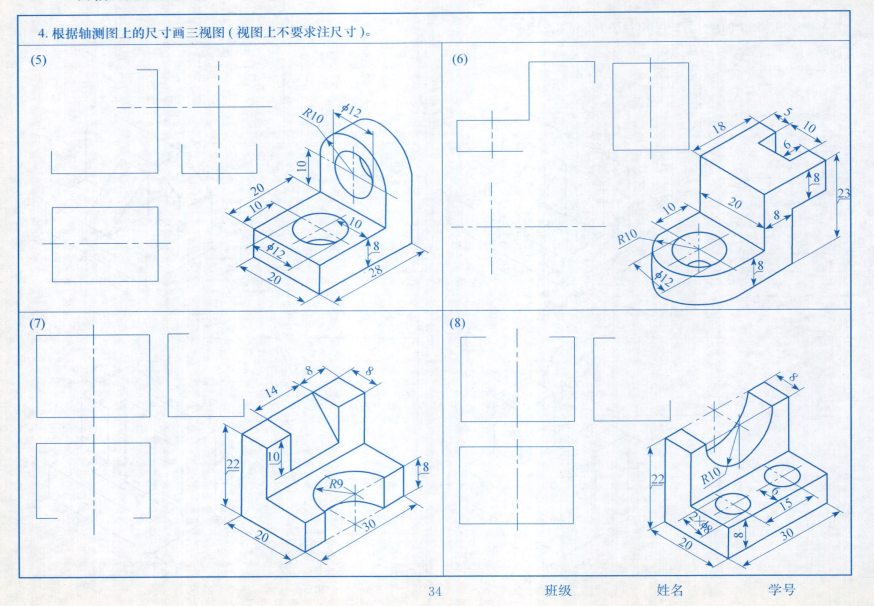

(5) (6) (7) (8)

## 4-1 由轴测图画三视图

5. 根据轴测图画三视图，并标注尺寸。用 A3 图纸，比例为 1∶2。

## 4-1 由轴测图画三视图

6. 根据轴测图画三视图,并标注尺寸。用 A3 图纸,比例为 1:1。

## 4-2 看图练习

1. 根据给出的两个视图，想出空间形状，补画出主视图上的漏线。

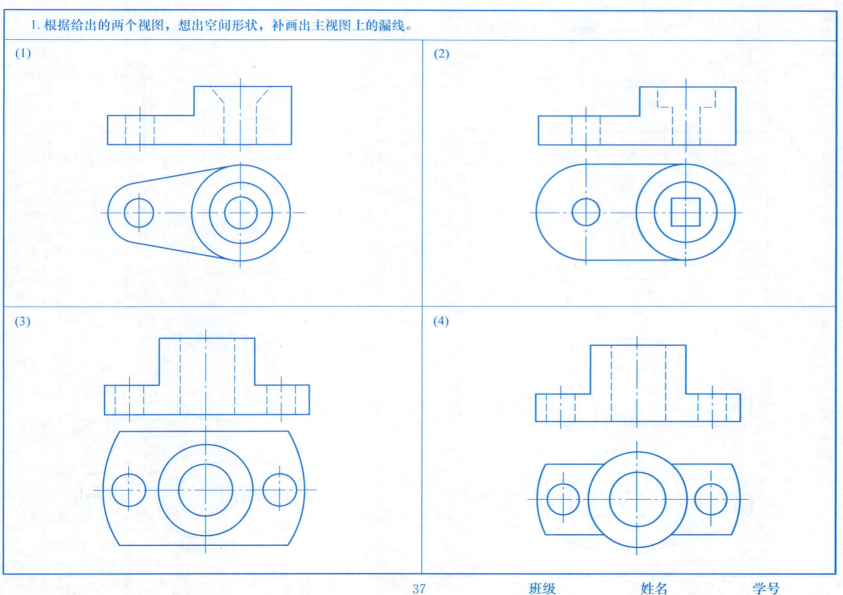

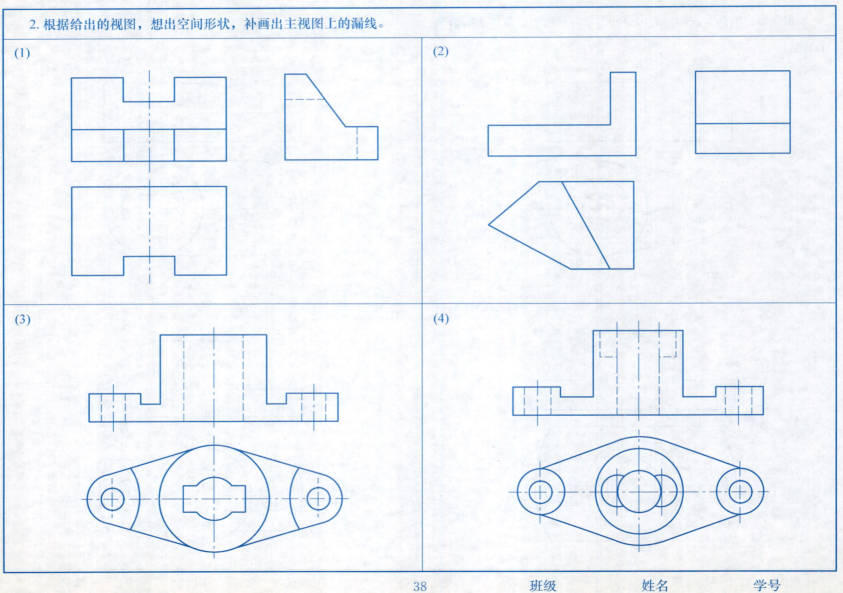

## 4-2 看图练习

2. 根据给出的视图，想出空间形状，补齐视图中所缺的线。

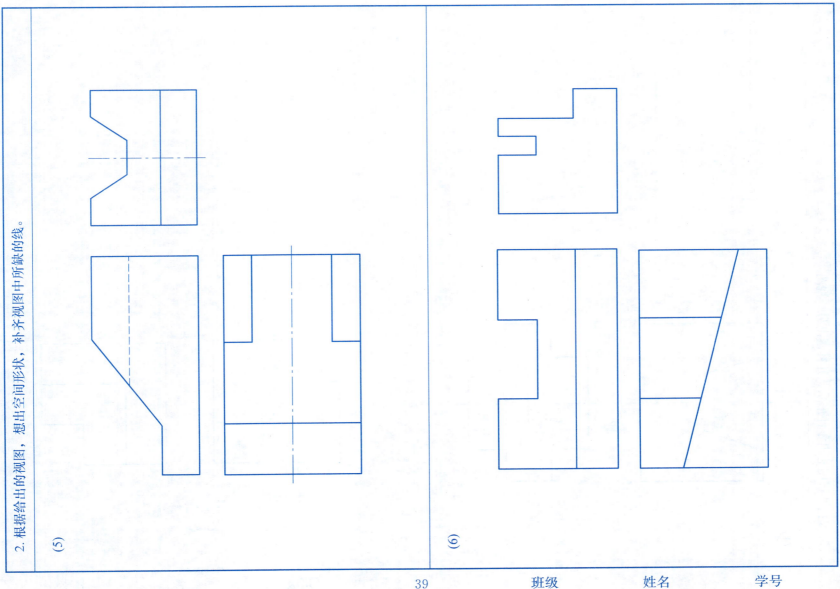

(5) (6)

4-2 看图练习

3. 根据两视图想出零件形状，并补画出另一视图。

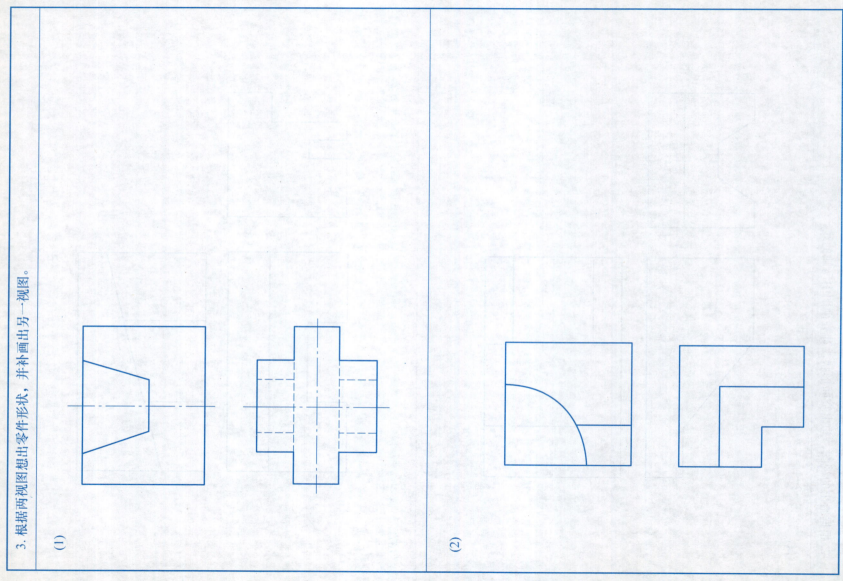

(1) (2)

班级　　　姓名　　　学号

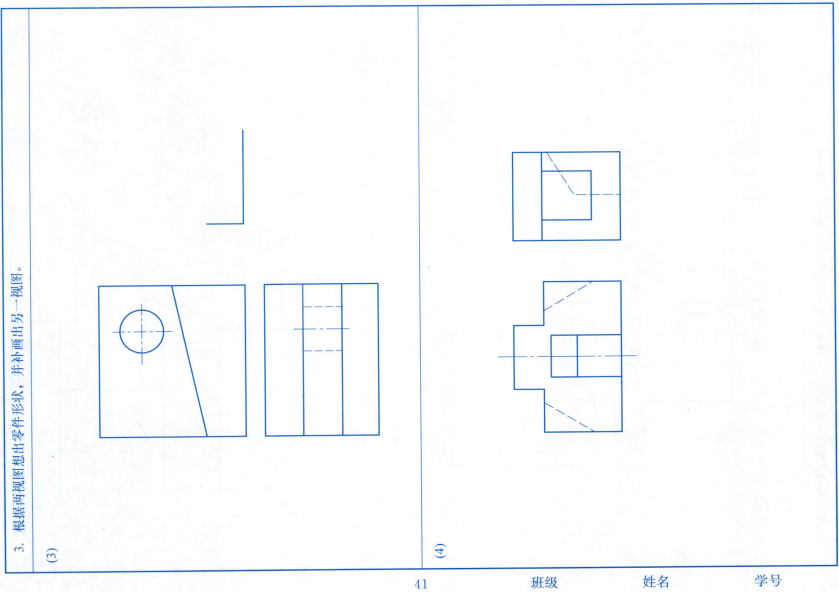

4-2 **看图练习**

3. 根据两视图想出零件形状，并补画出另一视图。

(5)　　(6)

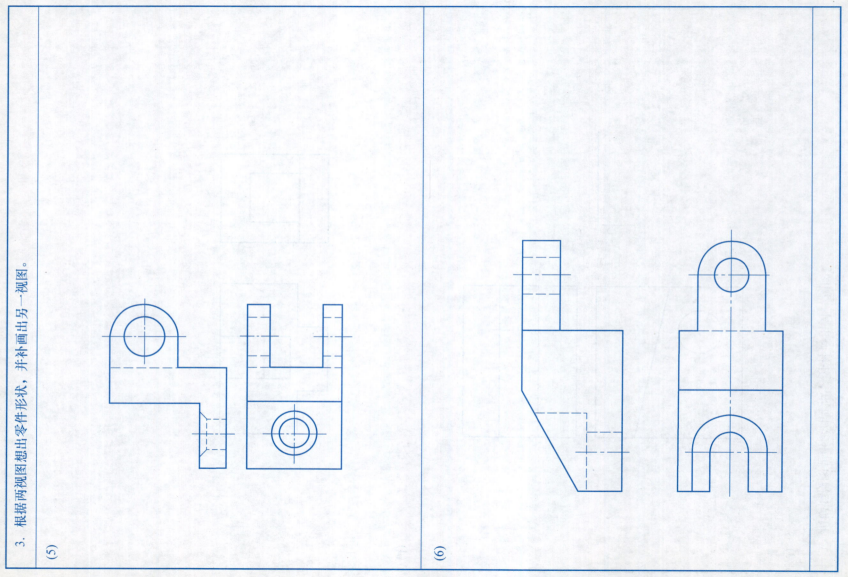

#### 4-2 看图练习

3. 根据两视图想出零件形状，并补画出另一视图。

(7)

(8)

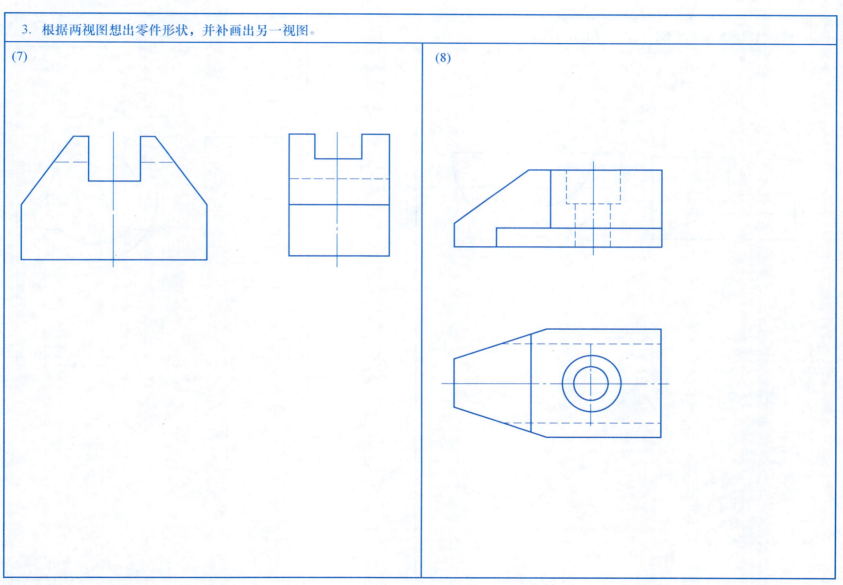

43　　班级　　姓名　　学号

## 4-2 看图练习

3. 根据两视图想出零件形状,并补画出另一视图。

(9)

(10)

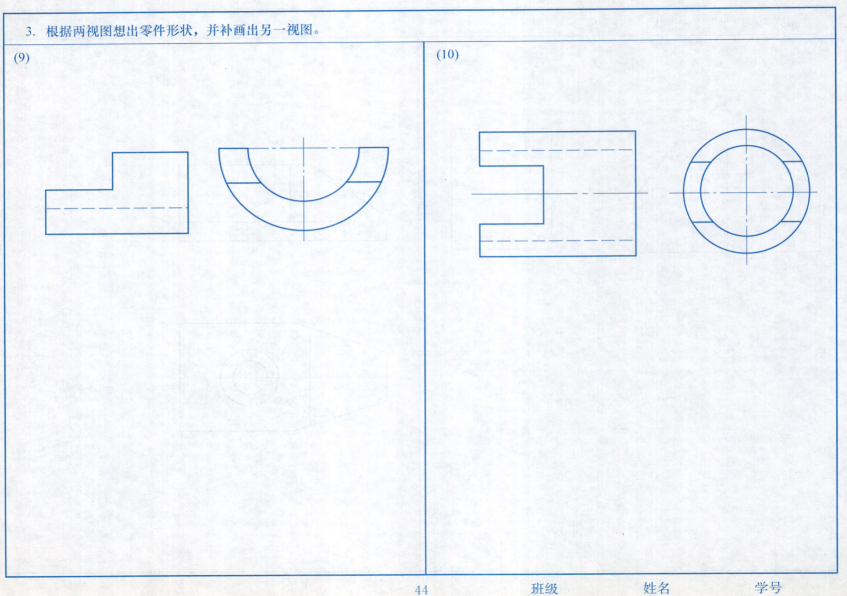

## 4-2 看图练习

3. 根据两视图想出零件形状,并补画出另一视图。

(11)

(12)

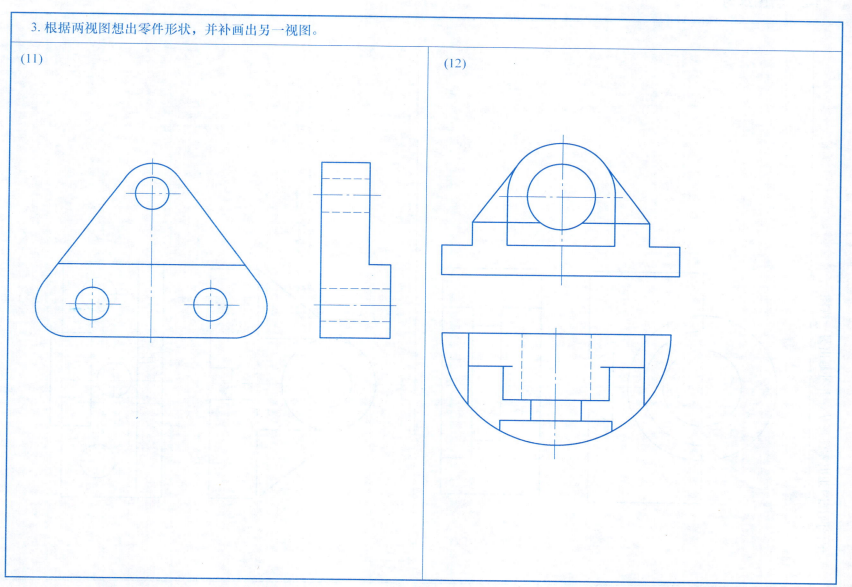

4-2 看图练习

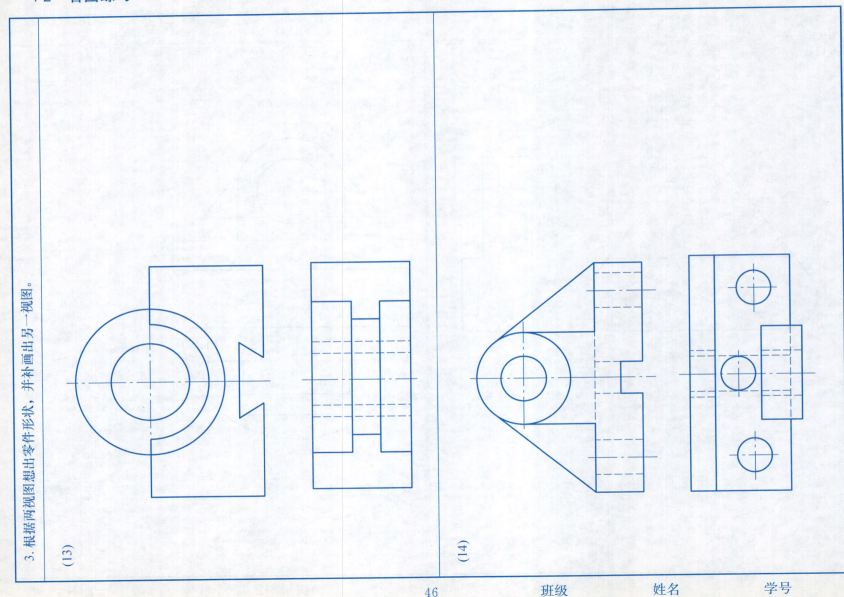

3. 根据两视图想出零件形状，并补画出另一视图。

(13)　(14)

4-2 看图练习

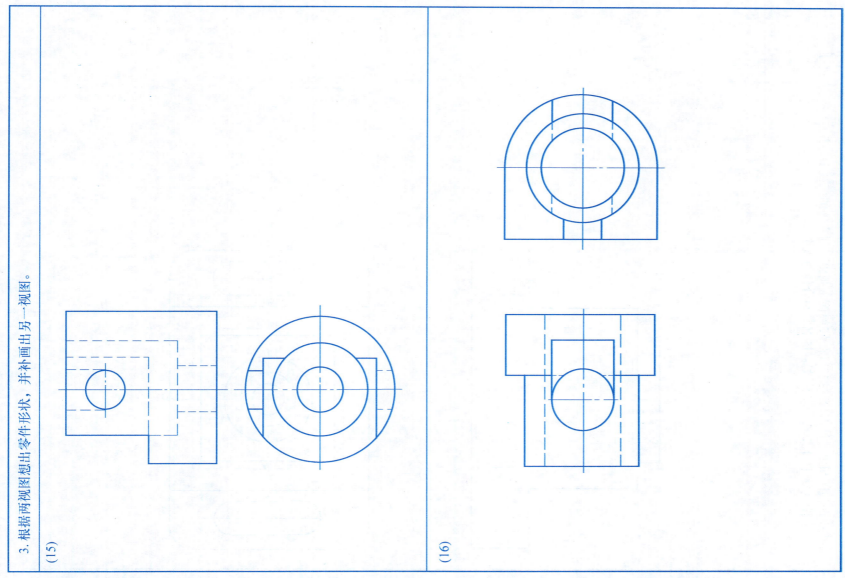

3. 根据两视图想出零件形状，并补画出另一视图。

4-2  看图练习

4. 根据两视图想出零件形状，按2:1在A3幅面上画出下列立体的三视图，并标注尺寸（尺寸数值按1:1从图上量取，取整数）。图名："组合体的视图"。

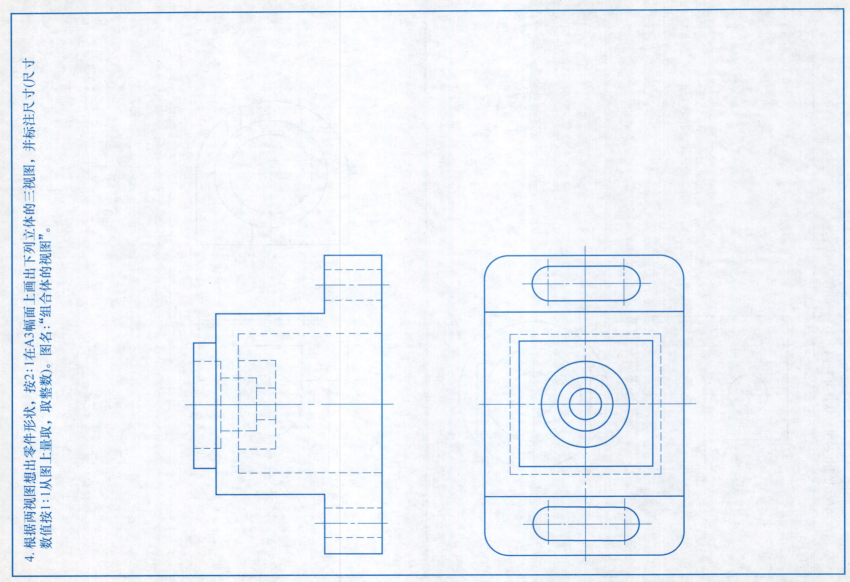

4-2 看图练习

5. 根据两视图想出零件形状，按2:1在A3幅面上画出下列立体的三视图，并标注尺寸（尺寸数值按1:1从图上量取，取整数。图名："组合体的视图"）。

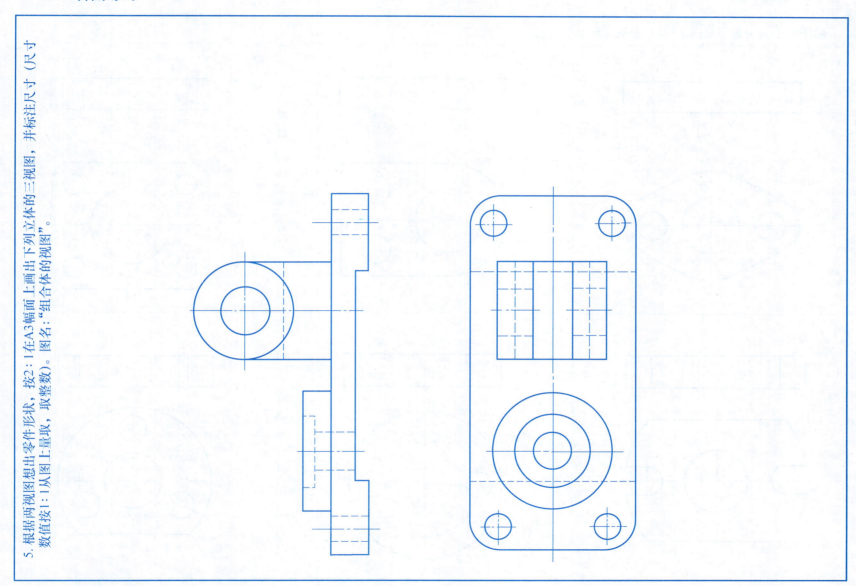

## 4-3 标注尺寸

标注尺寸(尺寸数值从图上按1:1量取,取整数)。

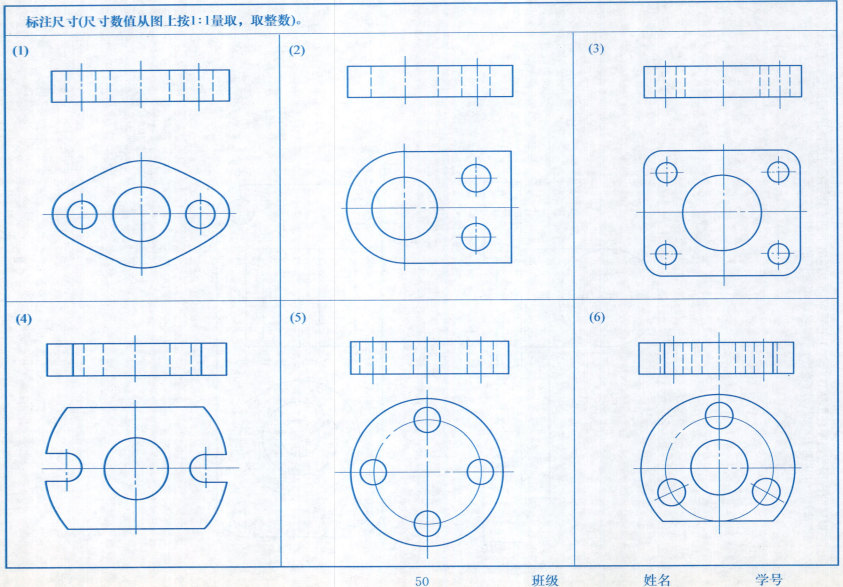

### 4-3 标注尺寸

标注尺寸(尺寸数值从图上1:1量取，取整数)。

(7) (8)

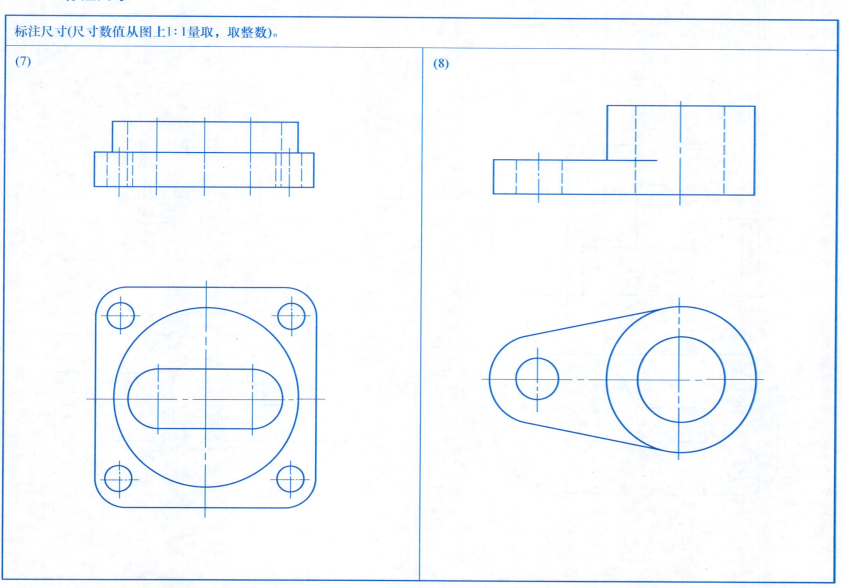

## 4-3 标注尺寸

标注尺寸(尺寸数值从图上1:1量取,取整数)。

(9)

(10)

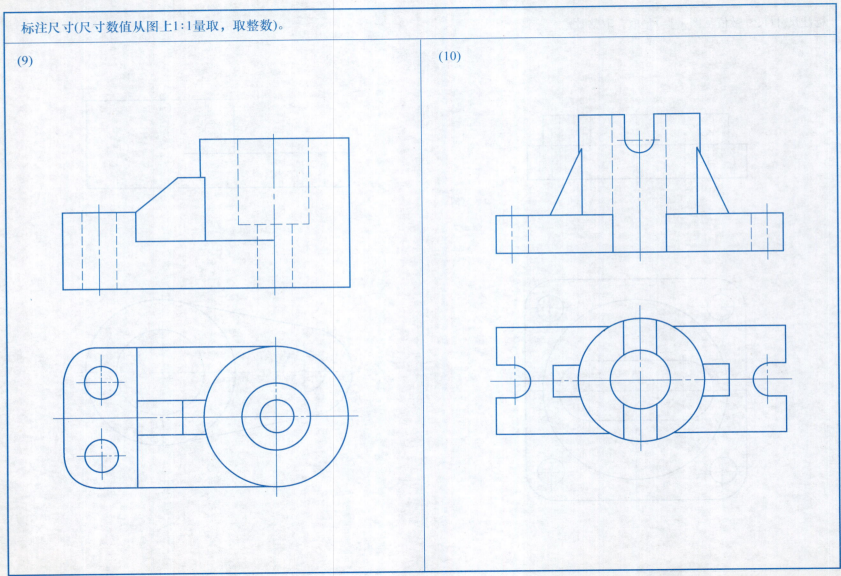

#### 4-4 补图及尺寸标注的综合练习

1. 根据组合体的两个视图补画出其左视图，并标注尺寸(尺寸数值从图上1:1量取整数)。

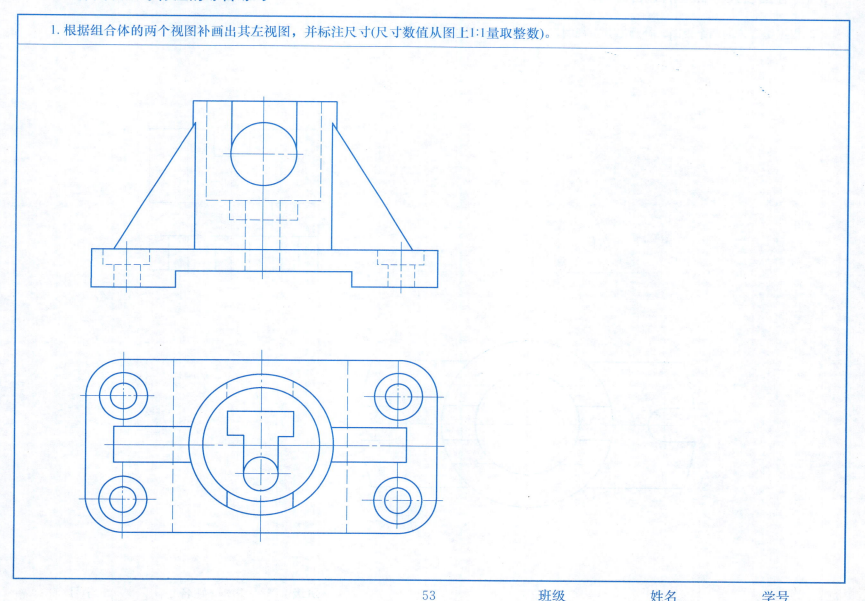

## 4-4 补图及尺寸标注的综合练习

**2. 根据组合体的两个视图，补画出其左视图，并标注尺寸(尺寸数值从图上1:1量取整数)。**

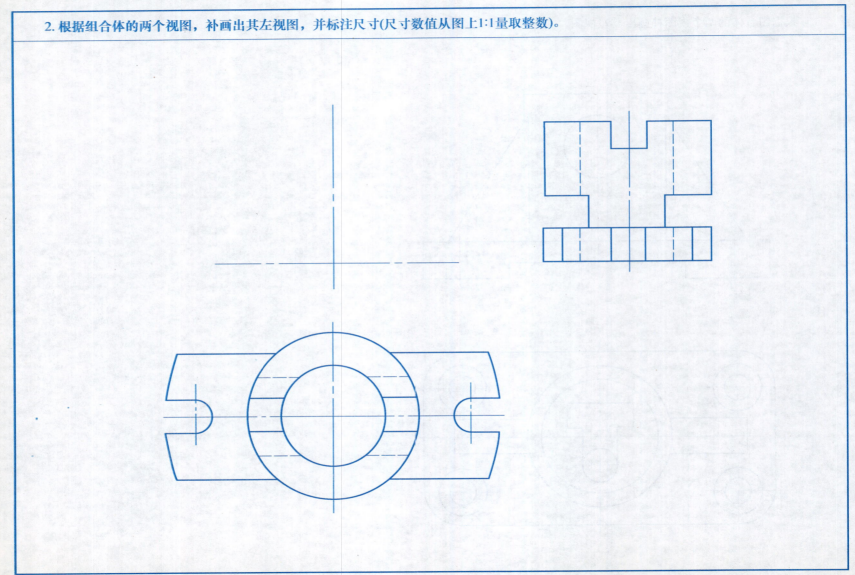

## 5-1 轴测图

## 第五章 轴测图

根据已给出的视图，在指定位置画出物体的正等测。

(1)

(2)

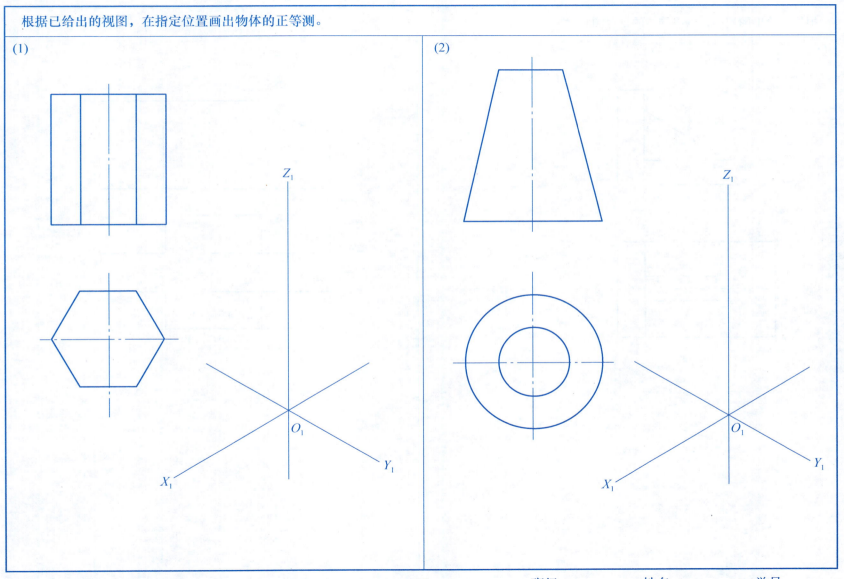

## 5-1 轴测图

根据已给出的视图,画出物体的正等测。

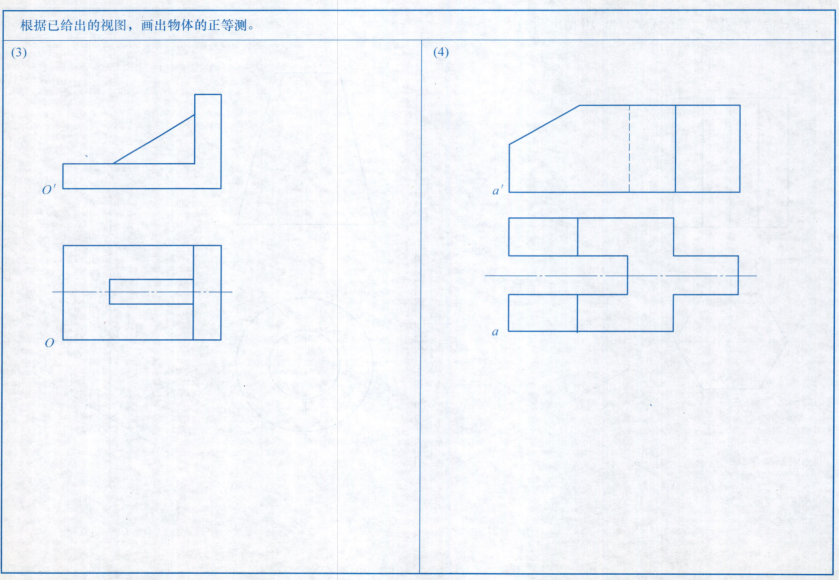

## 5-1 轴测图

(5) 根据已给出的视图，画出物体的正等测。在A3图纸上，用适当的比例画出物体的正等测。

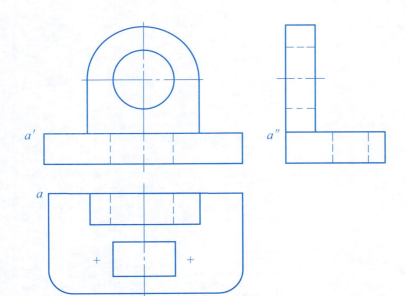

57 班级　　姓名　　学号

## 5-1 轴测图

(6) 根据已给出的视图，画出物体的正等测。在A3图纸上，用适当的比例画出物体的正等测。

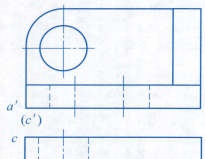
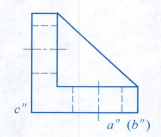
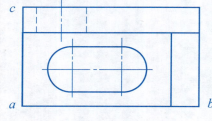

班级　　姓名　　学号

## 5-1 轴测图

(7) 根据已给出的视图，画出物体的斜二测。

## 5-1 轴测图

根据已给出的视图，画出物体的斜二测。

(8)

(9)

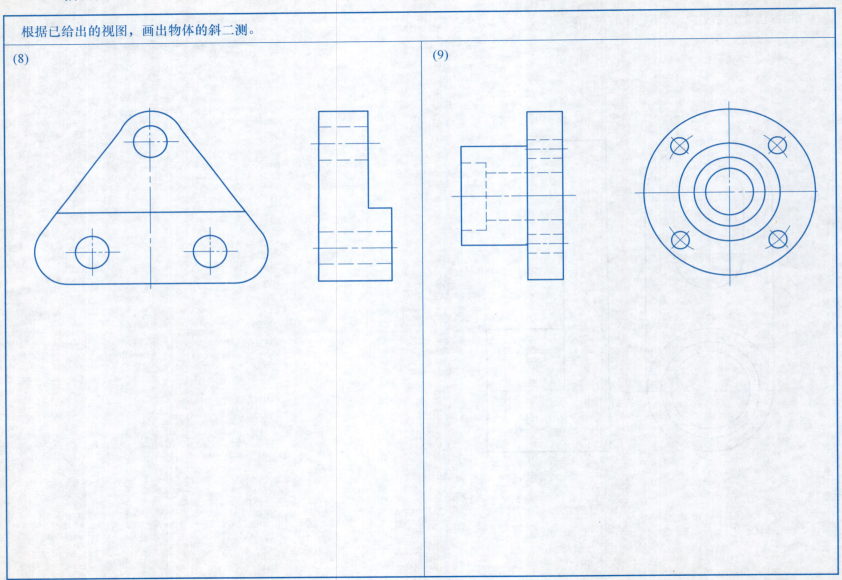

## 5-2 轴测剖视图

(1) 根据已给出的视图，画出物体的正等轴测剖视图。

## 5-2 轴测剖视图

(2) 根据已给出的视图，画出物体的斜二轴测剖视图。

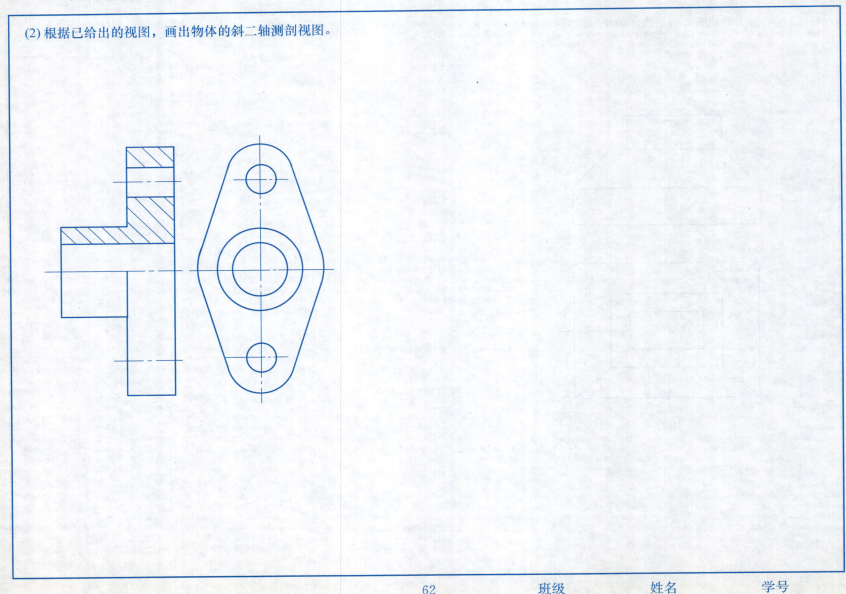

## 6-1 视图

## 第六章　机件的各种表达方法

1. 根据已给三视图，补画出右视图及在已给中心线位置画出仰视图。

## 6-1 视图

2. 根据已给主、俯、左视图，补画出其余三个基本视图。

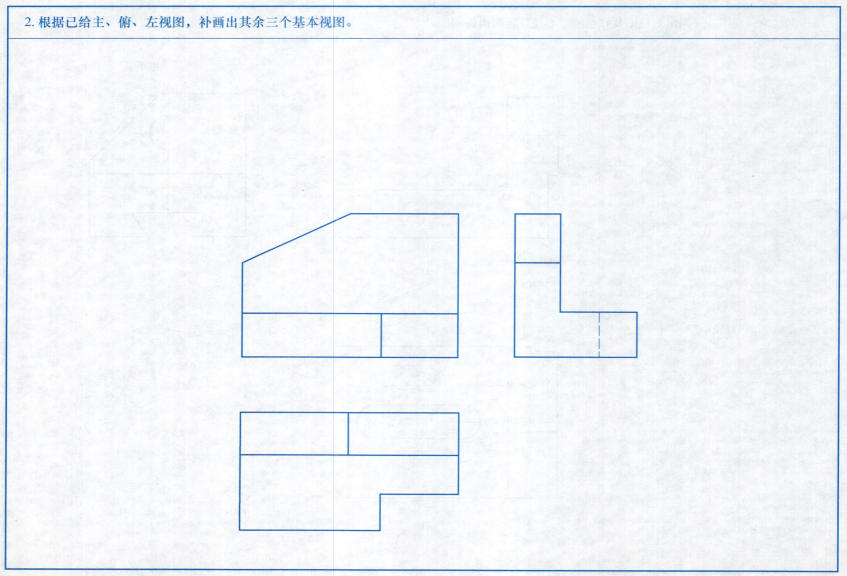

## 6-1 视图

3. 根据主、俯视图，画出A向斜视图及B向局部视图。

4. 根据轴测图及二视图，用1:1补画出A向局部视图。

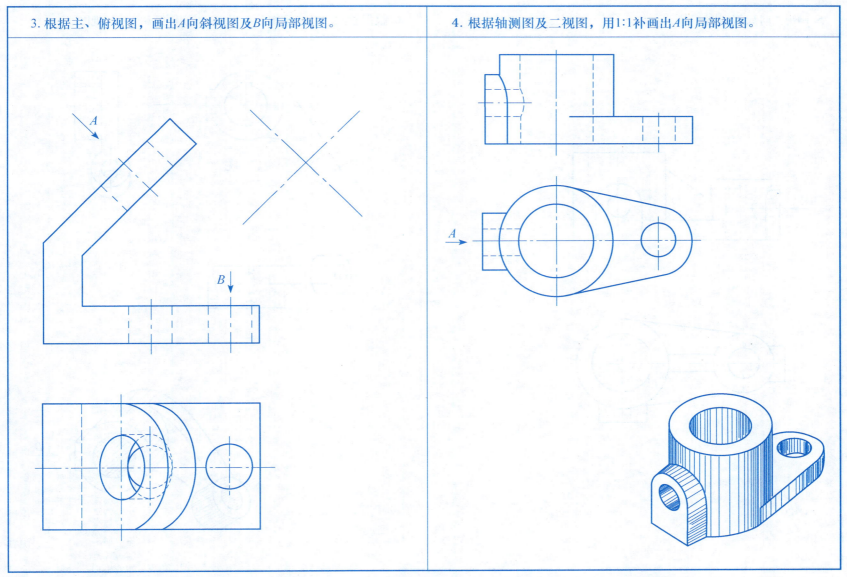

## 6-1 视图

5. 画出A向局部视图。

6. 根据轴测图及三视图,画出A向斜视图及B向局部视图。

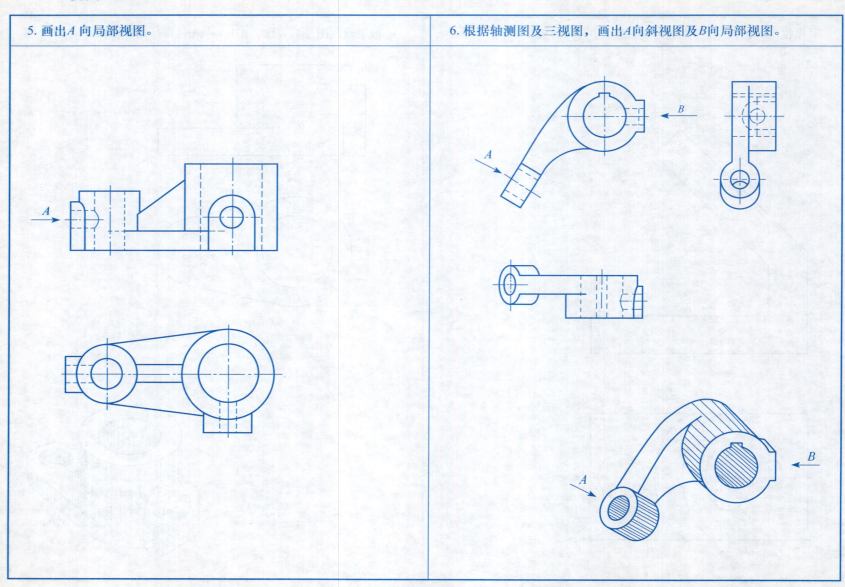

## 6-2 剖视图

1. 根据零件的二视图，在给定的位置将主视图改画成全剖视图。

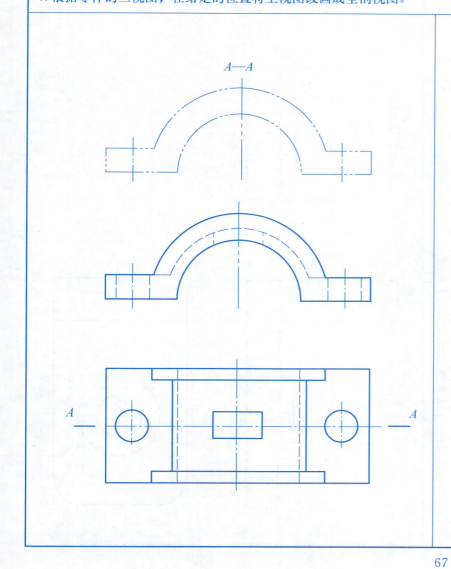
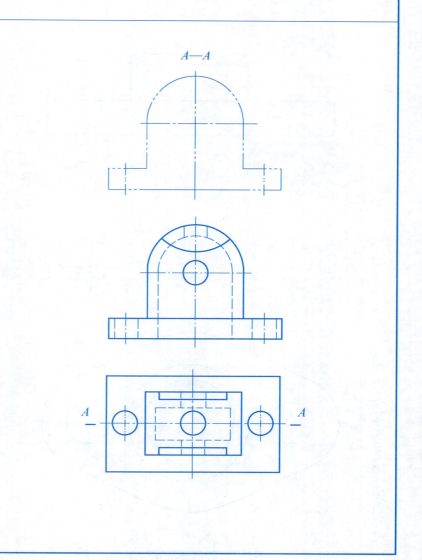

6-2 剖视图

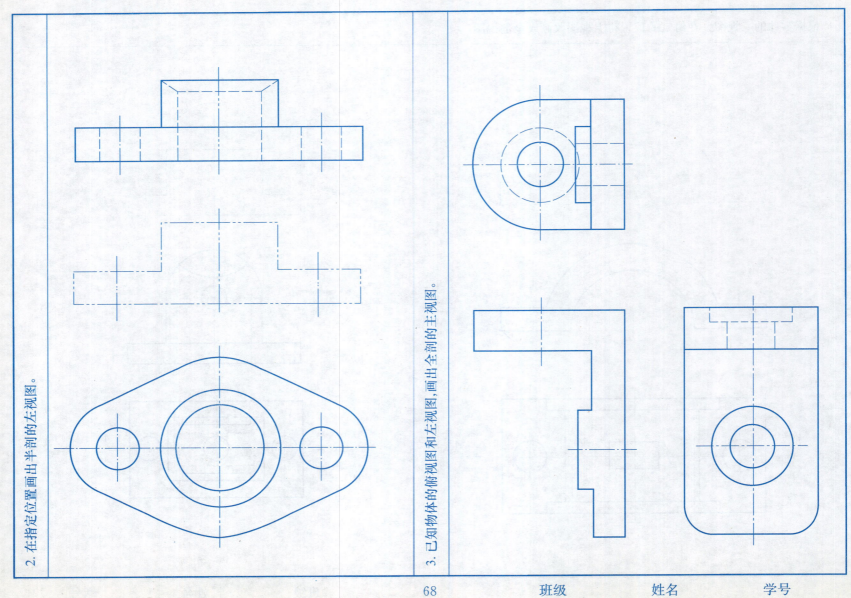

2. 在指定位置画出半剖的左视图。

3. 已知物体的俯视图和左视图，画出全剖的主视图。

### 6-2 剖视图

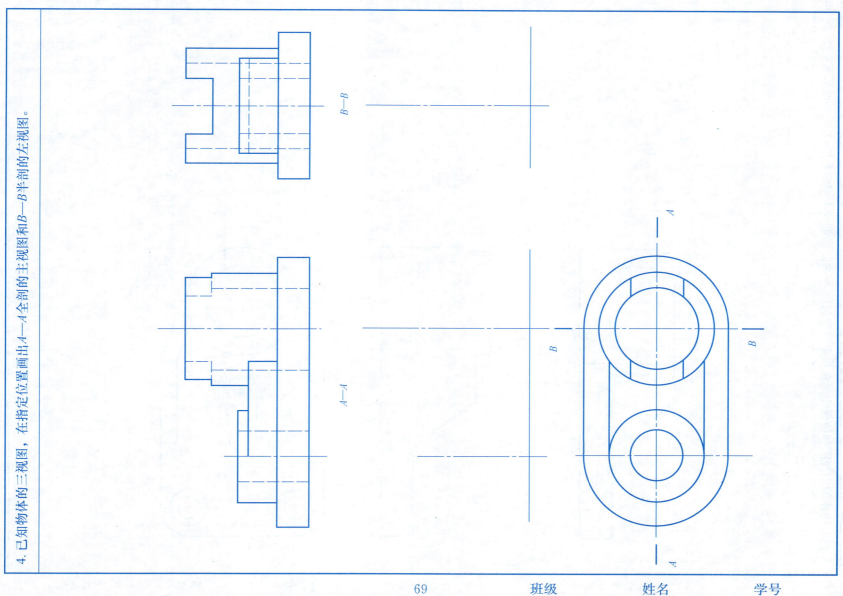

4. 已知物体的三视图，在指定位置画出A—A全剖的主视图和B—B半剖的左视图。

## 6-2 剖视图

5. 已知物体的主视图和俯视图，在指定位置画出A—A阶梯剖的主视图和B—B半剖的左视图。

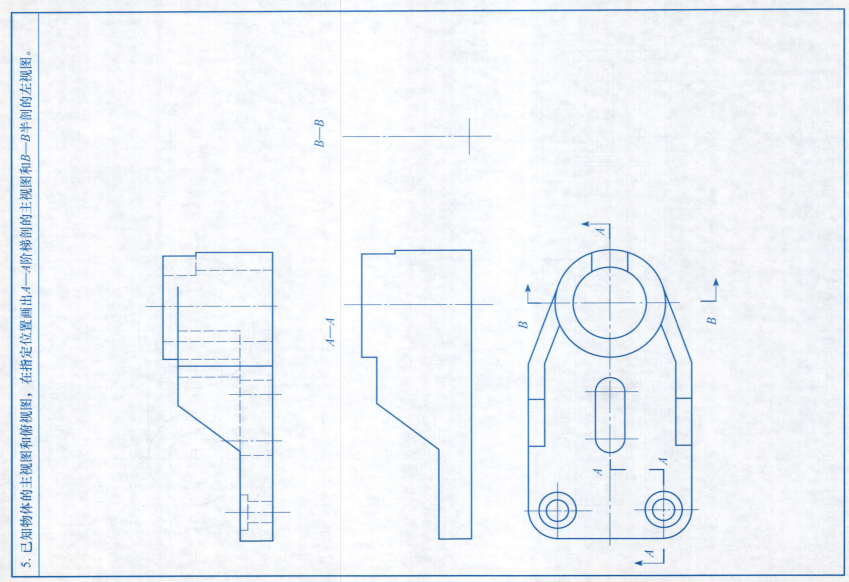

6-2 剖视图

6. 在指定位置将主视图画成半剖视图，并画出全剖的左视图。

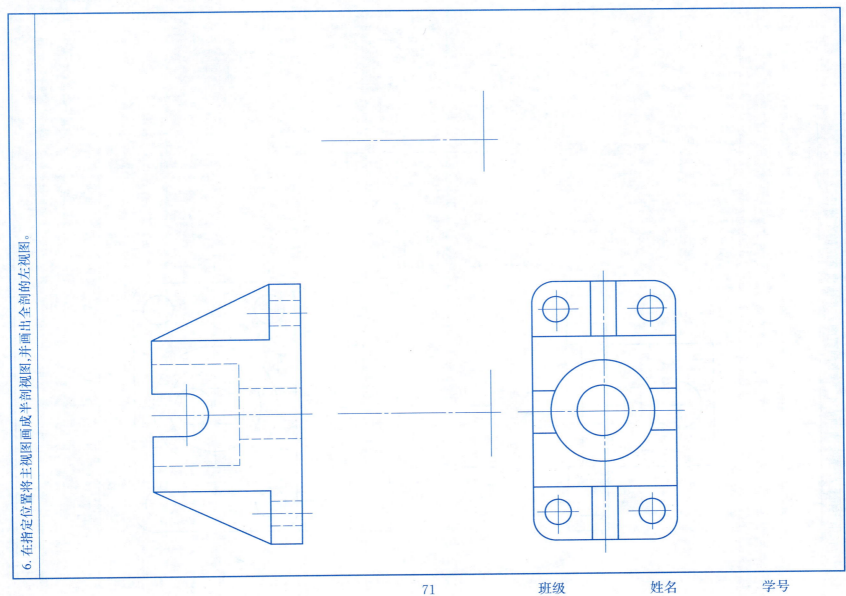

6-2 剖视图

7. 在指定位置将主视图画成A—A半剖视图，并画出全剖的左视图。

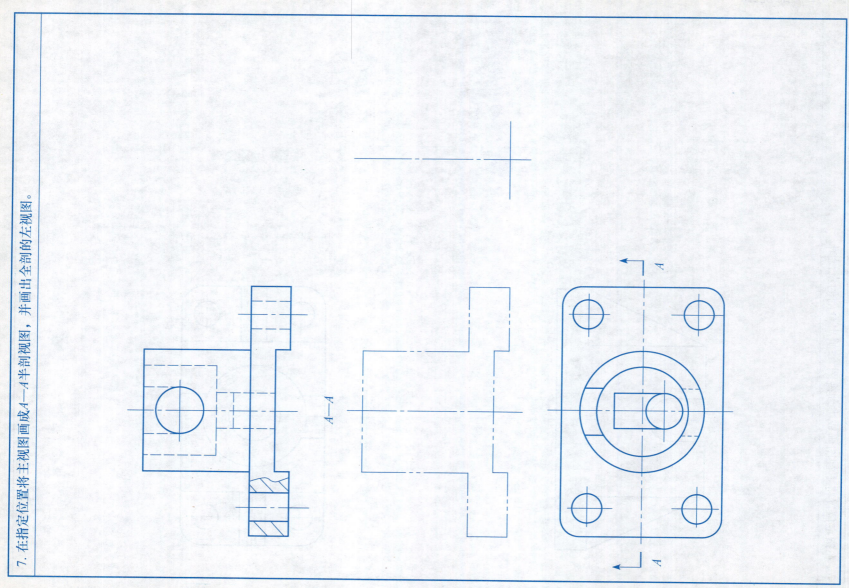

6-2 剖视图

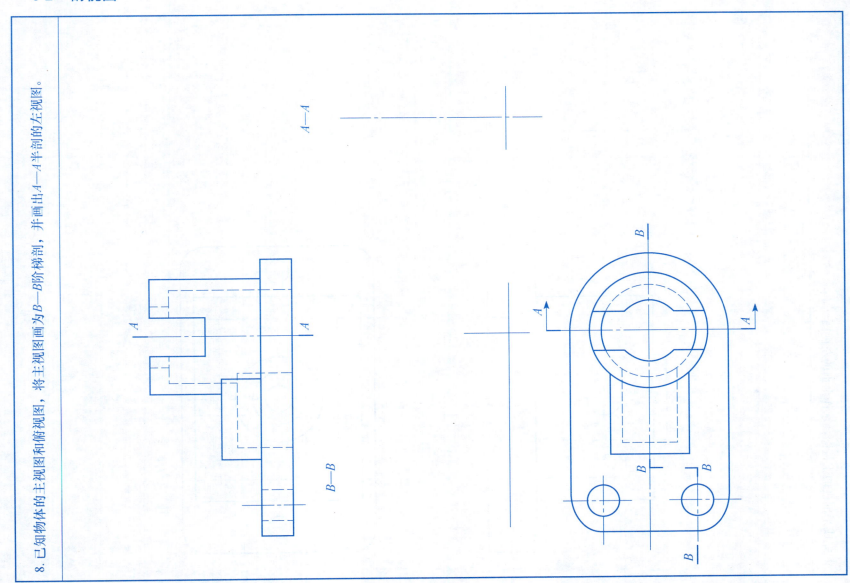

8. 已知物体的主视图和俯视图，将主视图画为B—B阶梯剖，并画出A—A半剖的左视图。

6-2 剖视图

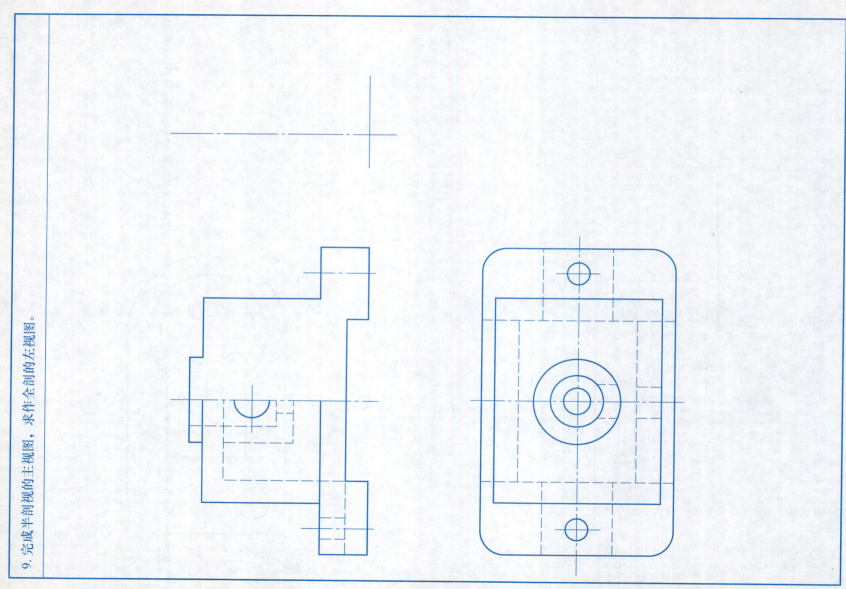

9. 完成半剖视的主视图，求作全剖的左视图。

## 6-2 剖视图

10. 根据零件的二视图，在给定的位置将主视图改画成旋转剖视图。

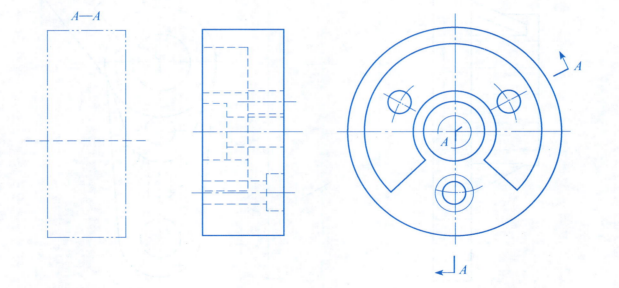

## 6-2　剖视图

11. 根据零件的二视图，在给定的位置将主视图改画成旋转剖视图。

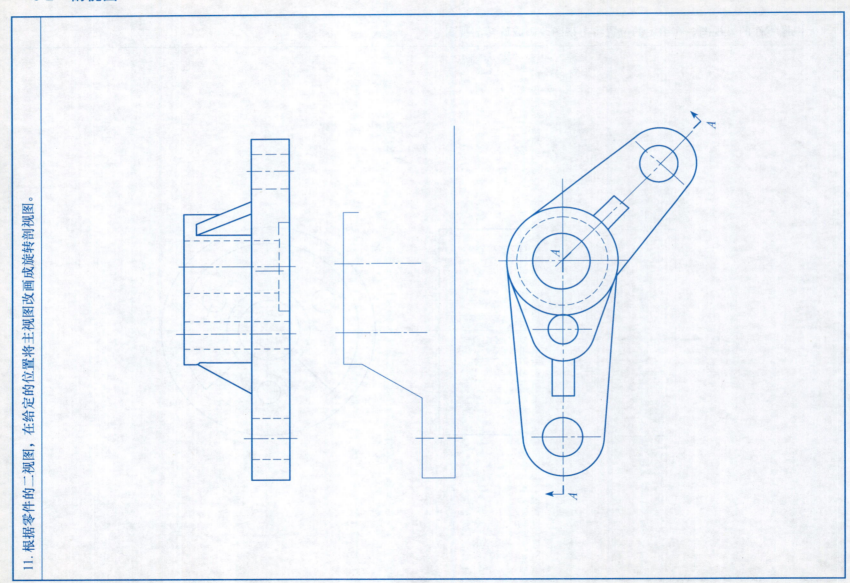

## 6-2 剖视图

12. 根据零件的二视图，在给定的位置画出B—B斜剖视图。

## 6-2 剖视图

13. 根据零件的二视图，在给定的位置将主视图改画成阶梯剖视图。

(1)　　　　　　　　　　　　　　　　　　　　(2)

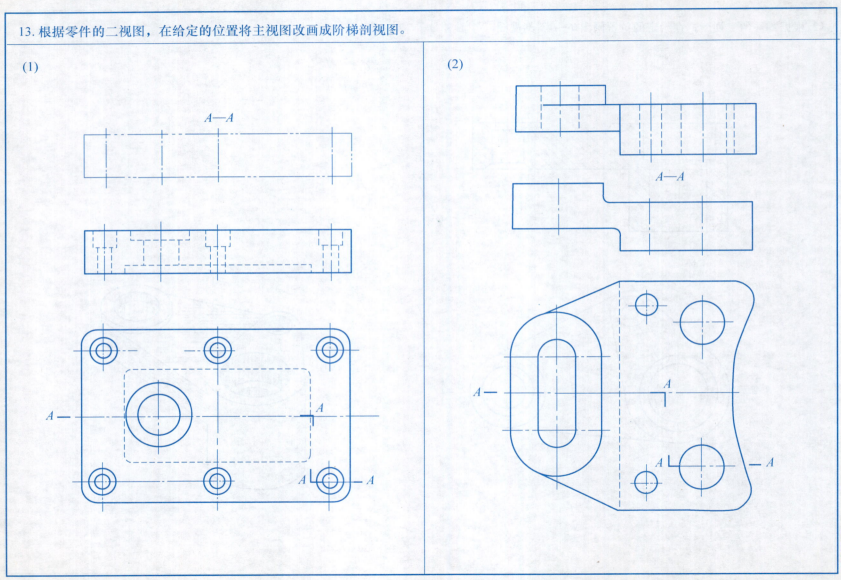

## 6-2 剖视图

14. 指出下列视图当中的错误，并将正确的视图画在给定的位置上。

(1)　　　　　　　　　　　　　　　　　　　(2)

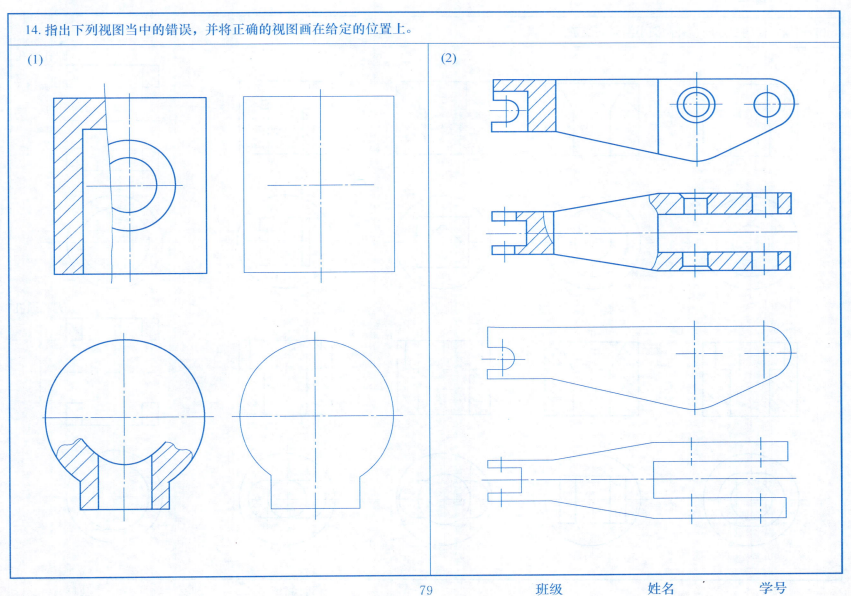

## 6-2 剖视图

15. 根据零件的二视图，补画图中漏画的线条。

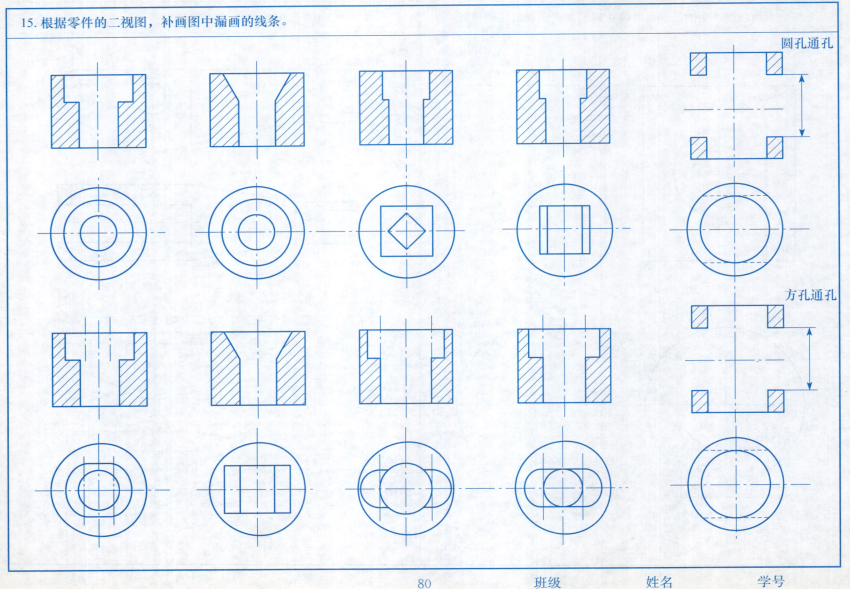

圆孔通孔

方孔通孔

## 6-2 剖视图

16. 根据零件的二视图，补画图中漏画的线条。

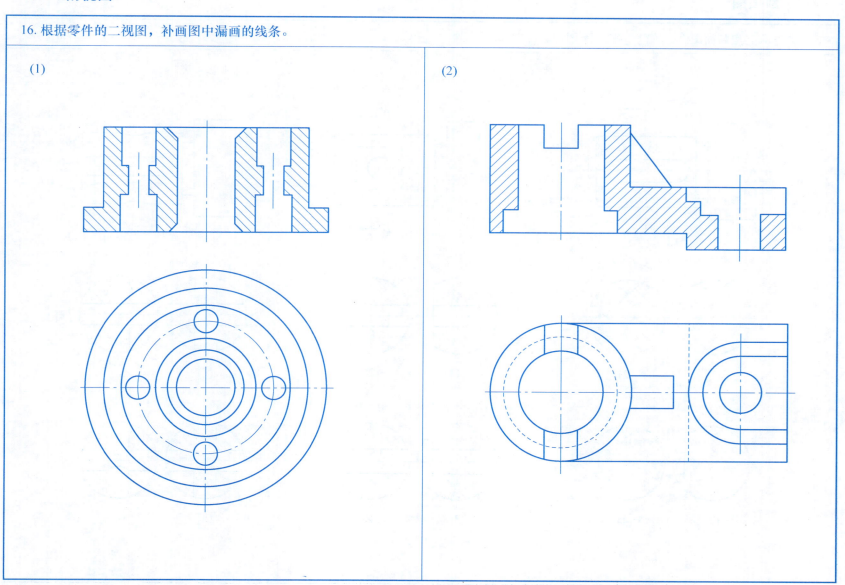

(1)　　　　　　　　　　　　　　　　　(2)

### 6-3 断面图

1. 指出下列各组断面图中正确的是哪一个图形。

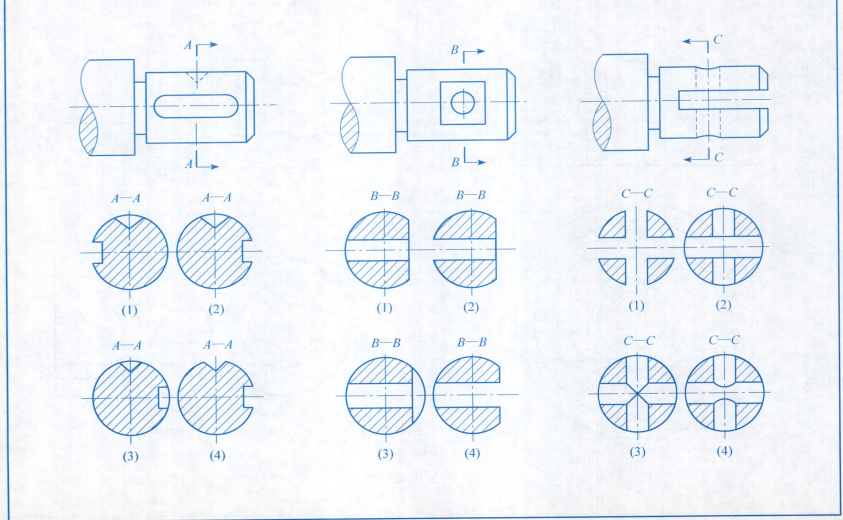

## 6-3 断面图

2. 正确画出A—A的移出断面图形。

3. 正确画出画有中心线肋板的重合断面图形。

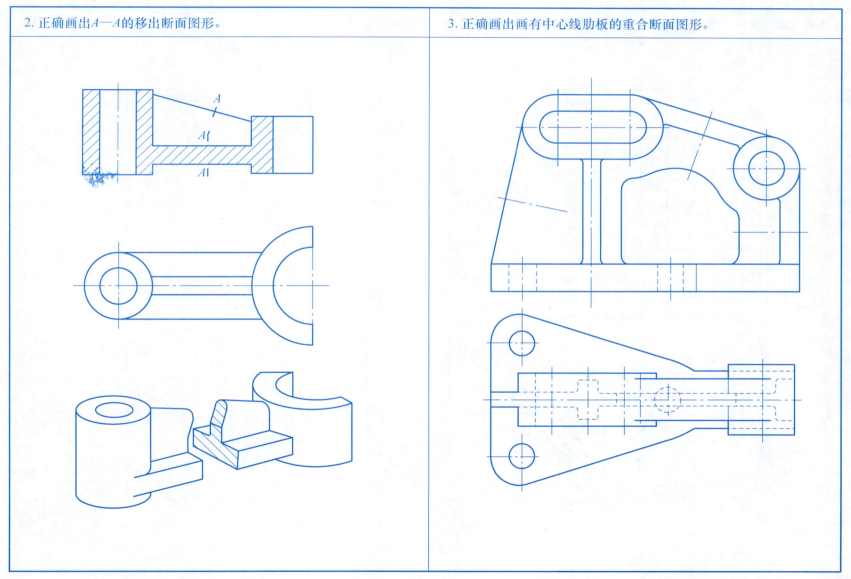

## 6-3 断面图

4. 改正图中各种错误(包括投影及表达方法),将正确的图形画在给定位置上。

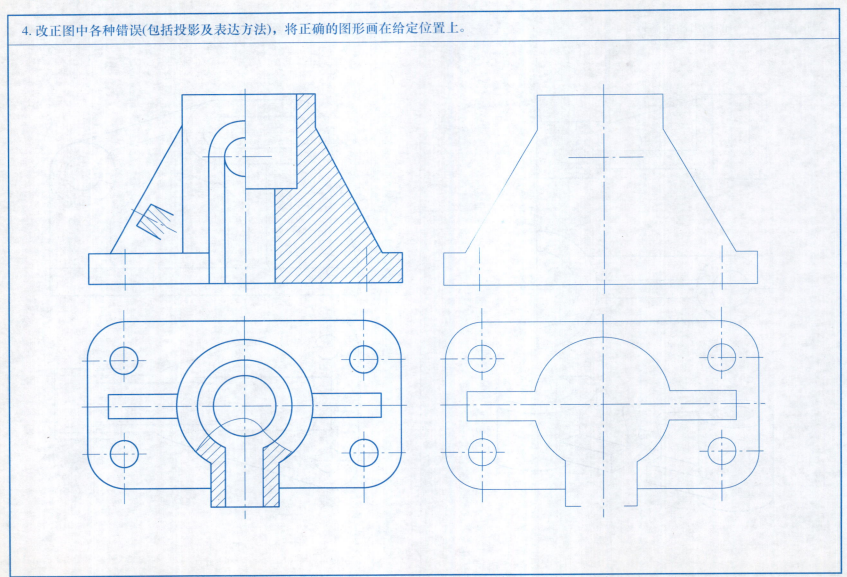

## 6-4 表达方法

下列箱体零件都采用了哪几种表达方式?有什么特点?

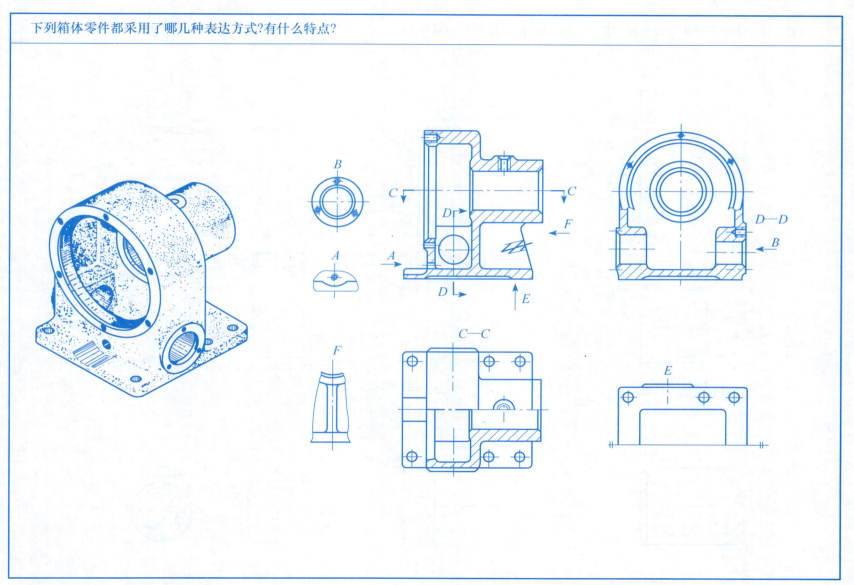

## 7-1 极限与配合

# 第七章 零件图

1. 查表标注出下列零件配合面的尺寸偏差值(包括键槽的尺寸及其偏差值)。

(1)　　　　　(2)　　　　　(3)

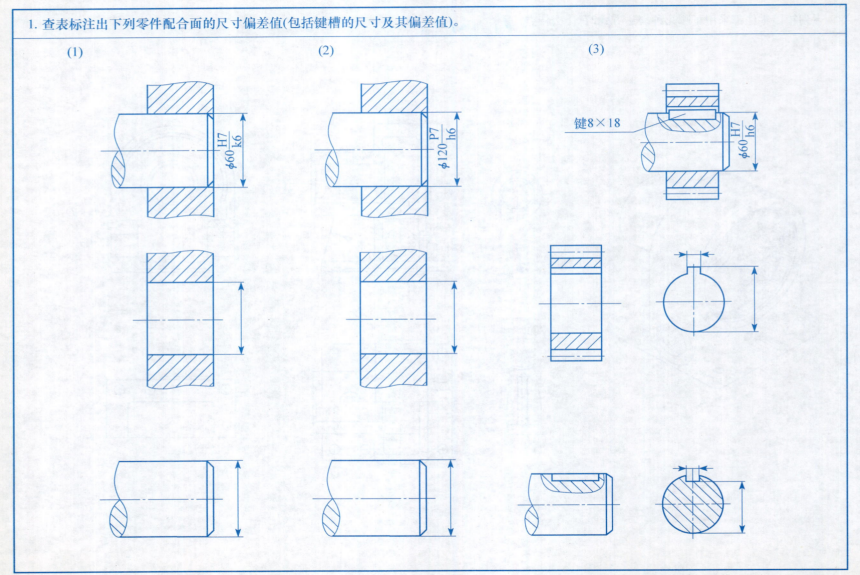

## 7-1 极限与配合

2. 查表注出下列零件配合面的尺寸偏差值。

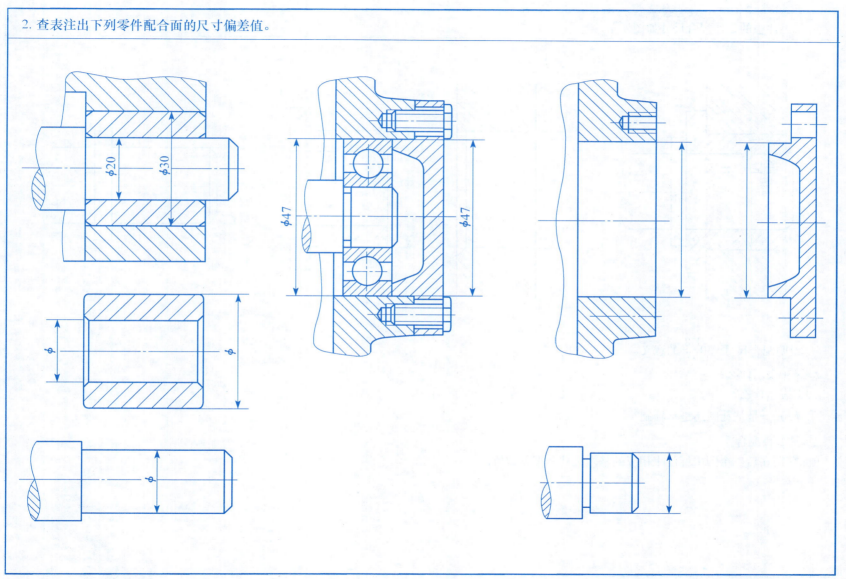

## 7-1 极限与配合

3. 某组件中的零件配合尺寸如图所示：

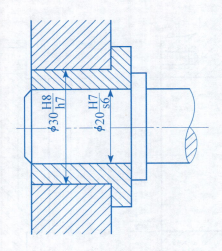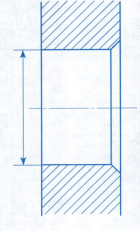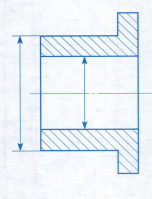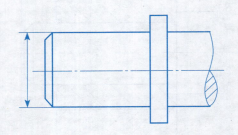

① 说明配合尺寸 $\phi 30 \dfrac{H8}{h7}$ 的意义。

② $\phi 30$ 表示什么？

③ H表示什么？

④ $\phi 30 \dfrac{H8}{h7}$ 是基孔制还是基轴制？

⑤ 是哪种配合？

⑥ 分别在后三个图中标注上相应的基本尺寸和偏差数值。

## 7-2 形状和位置公差

将零件图中各种公差的要求用代号标注在图上。

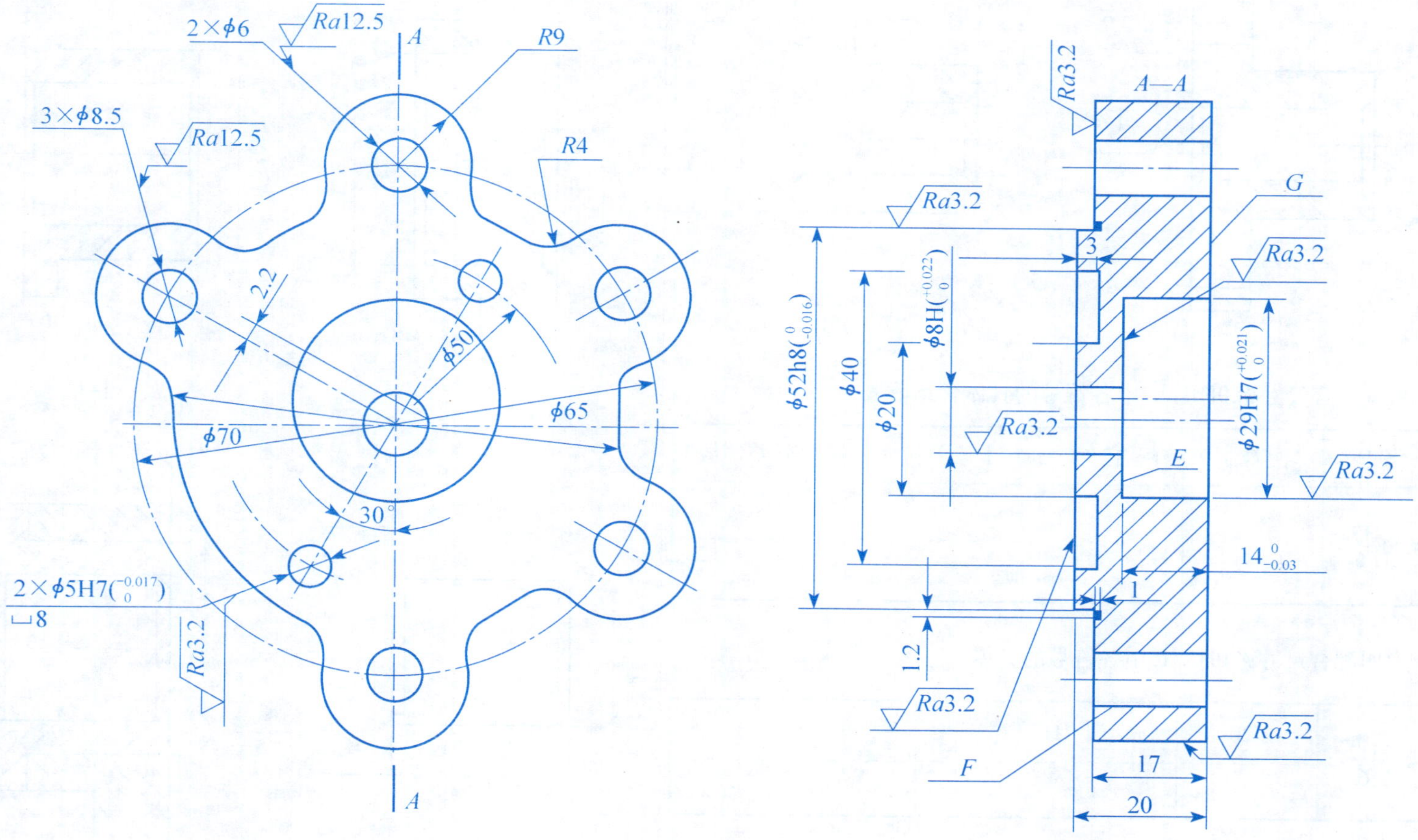

## 7-3 表面粗糙度及配合公差

1. 检查表面粗糙度代号注法上的错误，在右图正确标注。

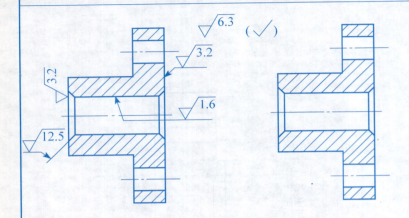

① 根据配合尺寸 $\phi 20 H8/k7$ 中各符号的具体含意填表。

| 配合尺寸 | 配合制 | 配合种类 | 基本偏差代号 | 标准公差等级 |
|---|---|---|---|---|
| $\phi 20 \dfrac{H7}{k6}$ | | | 孔 | 孔 |
| | | | 轴 | 轴 |

② 说明配合尺寸 $\phi 20 H7/f6$ 中各符号的具体含意。

| $\phi 20 \dfrac{H7}{f6}$ | $\phi 20$ | H7 | f6 |
|---|---|---|---|
| | | | |

2. 根据零件图(1)、(2)、(3)标注图(4)的配合尺寸。

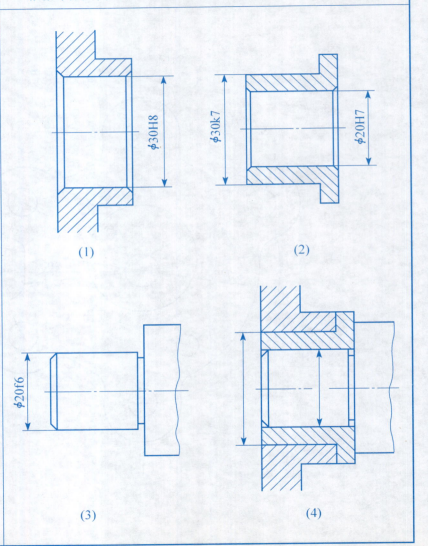

## 8-1 螺纹　　　　第八章　标准件与常用件

1. 查表后在下列各螺纹紧固件上的尺寸线处注上尺寸数值，并在图的下方写出其规定标记。

(1) A级六角头螺栓：螺纹规格 $d$=M12，公称长度 $l$=30。

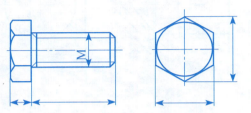

规定标记 _____

(2) A级I型六角螺母：螺纹规格 $d$=M16。

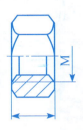
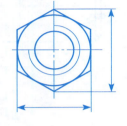

规定标记 _____

(3) A型双头螺柱：螺纹规格 $d$=M12，$b_m$=1.25$d$，公称长度 $l$=30。

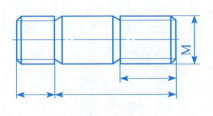

规定标记 _____

(4) A级倒角型平垫圈：公称尺寸 $d$=16。

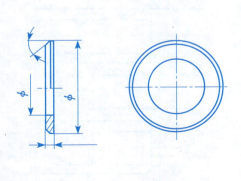

规定标记 _____

(5) 开槽圆柱头螺钉：螺纹规格 $d$=M10，公称长度 $l$=45。

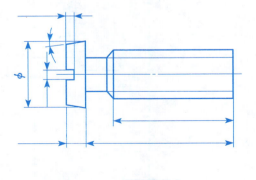

规定标记 _____

(6) A型圆柱销：公称直径 $d$=16，长度 $l$=35。
注：直径尺寸须注上其直径公差代号。

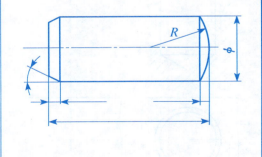

规定标记 _____

8-1 螺纹

2. 指出下列螺纹紧固件画法中的错误，并在其旁画出正确的视图。

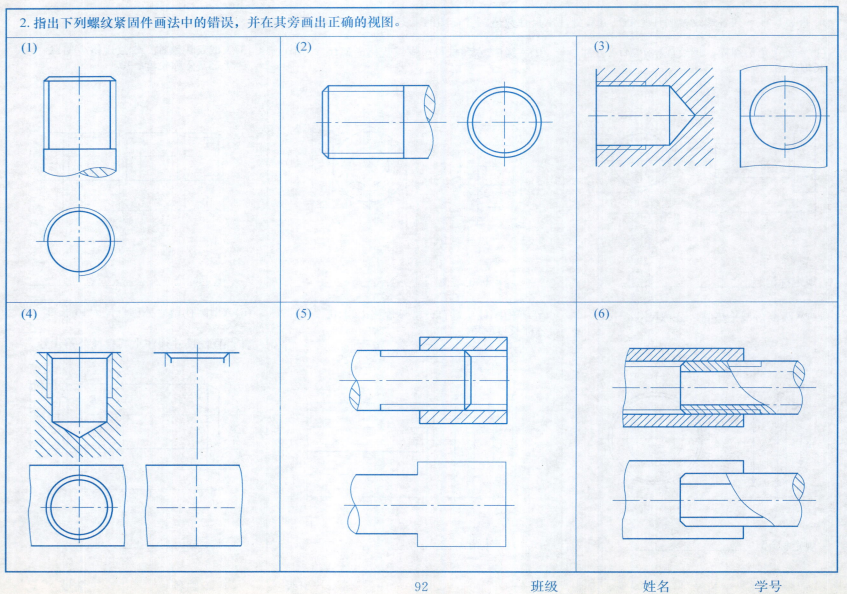

## 8-2 连接

1. 在A3图纸上，用1:1画出图中标有连接件代号的连接装置，并正确配上各连接件，注写其规定标记。

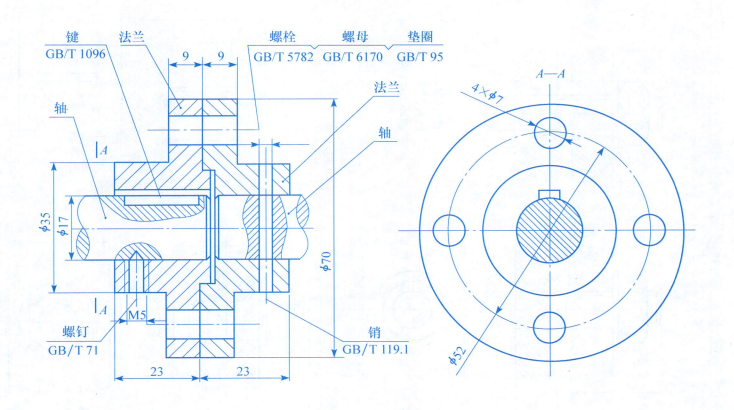

# 8-2 连接

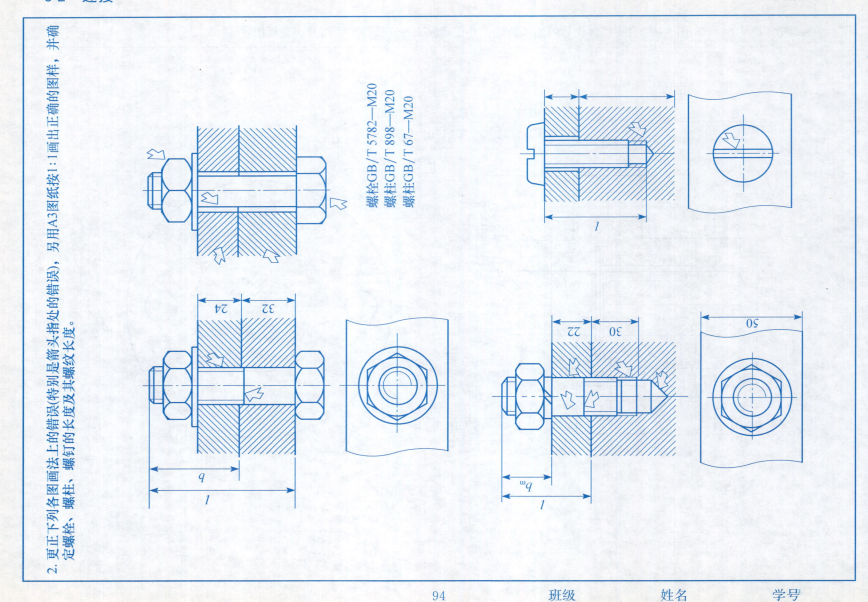

1. 另用A3图纸按1:1画出正确的图样,并确定螺栓GB/T 5782—M20、螺柱GB/T 898—M20、螺柱GB/T 67—M20

2. 更正下列各图画法上的错误(特别是箭头指处的错误),另用A3图纸按1:1画出正确的图样,并确定螺栓、螺柱、螺钉的长度及其螺纹长度。

8-3  齿轮

1. 一对相互啮合的直齿圆柱齿轮，其中心距 $a=60$，小齿轮齿数 $z_1=18$，大齿轮齿数 $z_2=2$，画出小齿轮的零件图。

| 模 数 m | |
|---|---|
| 齿 数 z | |
| 压力角 α | |

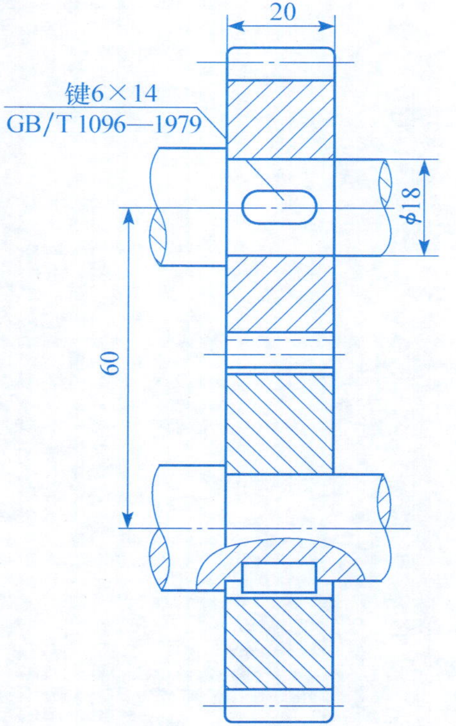

键6×14
GB/T 1096—1979

齿 轮   比例 1:1   数量

| 制图 | | 重量 | | 材料 | |
| 描图 | | | | | |
| 审核 | | | | | |

班级  姓名  学号

### 8-3 齿轮

2. 下图给出一对相互啮合的锥齿轮的主视图，其 $m=3$、$z_1=16$、$z_2=24$，按1:1画出其啮合的主视图和左视图。

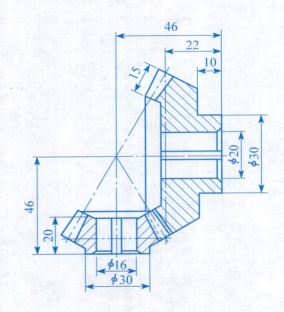

## 8-4 弹簧

已知：$d=8$，$D_2=40$，$H_0=160$，节距=16，画出如(a)所示的弹簧。

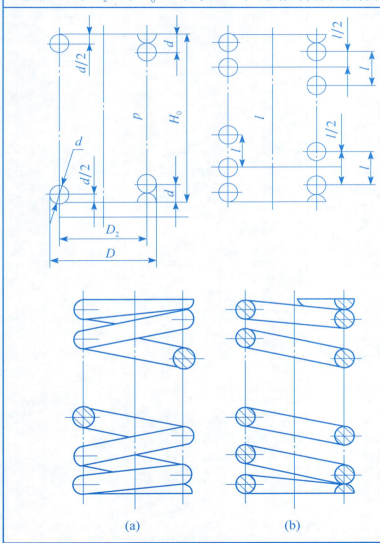

(a)　　　(b)

## 8-5 看零件图

看懂齿轮的零件图，对其表达方法、投影、尺寸标注及技术要求等进行全面分析。

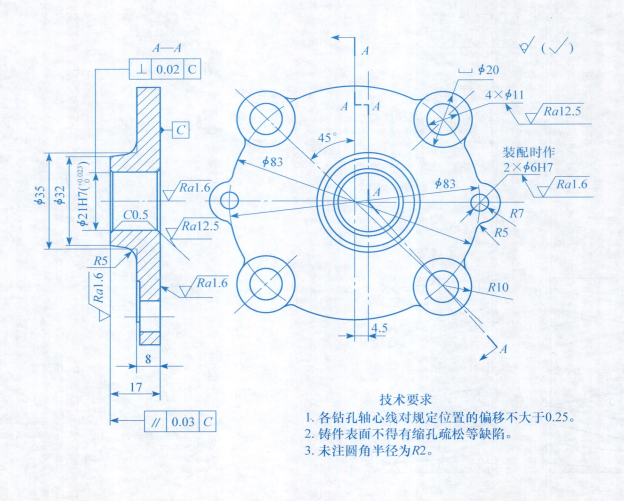

技术要求
1. 各钻孔轴心线对规定位置的偏移不大于0.25。
2. 铸件表面不得有缩孔疏松等缺陷。
3. 未注圆角半径为R2。

9-1　由零件图画装配图——旋塞　　　第九章　装　配　图

**作业要求：**
　　根据旋塞轴测装配图，旋塞的工作原理及结构说明，以及它的三个零件的零件图，在图纸上用1:1的比例画出其装配图。
　　旋塞的工作原理及结构说明：
　　旋塞是管路中的一种开关，特点是开关动作比较迅速。它的法兰用螺栓与外管道连接。用扳手将塞子搬动90°，就可全部打开管路。在锥形塞与壳体之间填满石棉盘根，再装上压盖，然后拧动双头螺柱上的螺母，使压紧填料，用以防止泄漏。

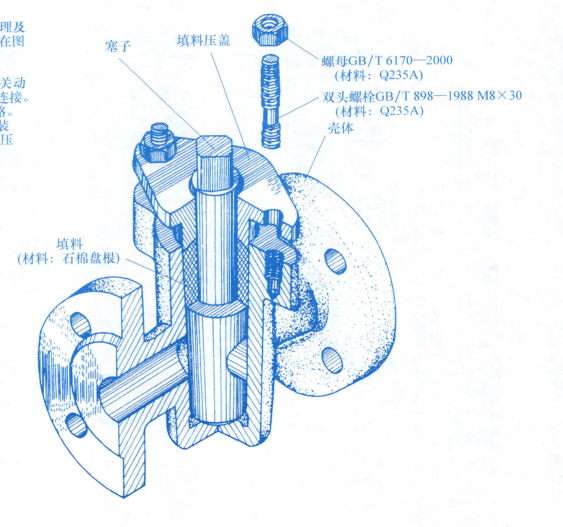

塞子
填料压盖
螺母GB/T 6170—2000
（材料：Q235A）
双头螺栓GB/T 898—1988 M8×30
（材料：Q235A）
壳体
填料
（材料：石棉盘根）

99　班级　姓名　学号

9-1 由零件图画装配图——旋塞

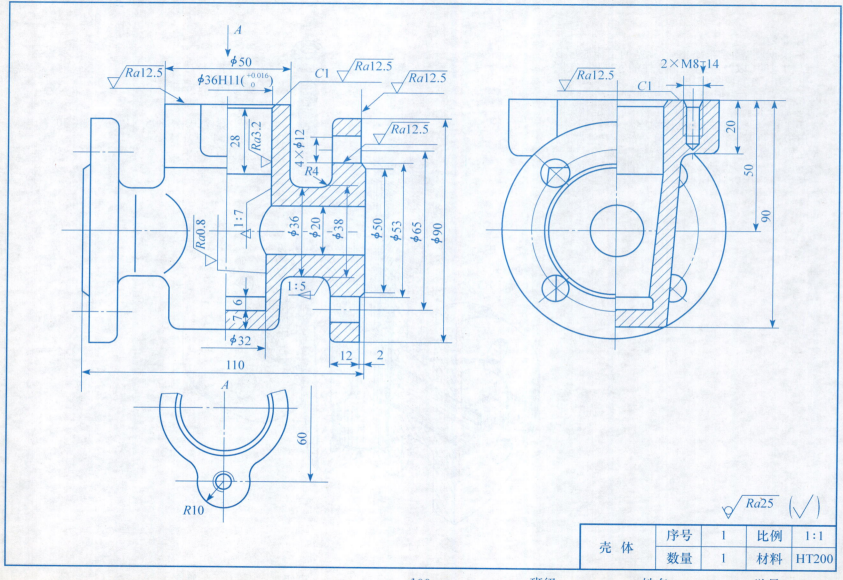

9-1 由零件图画装配图——旋塞

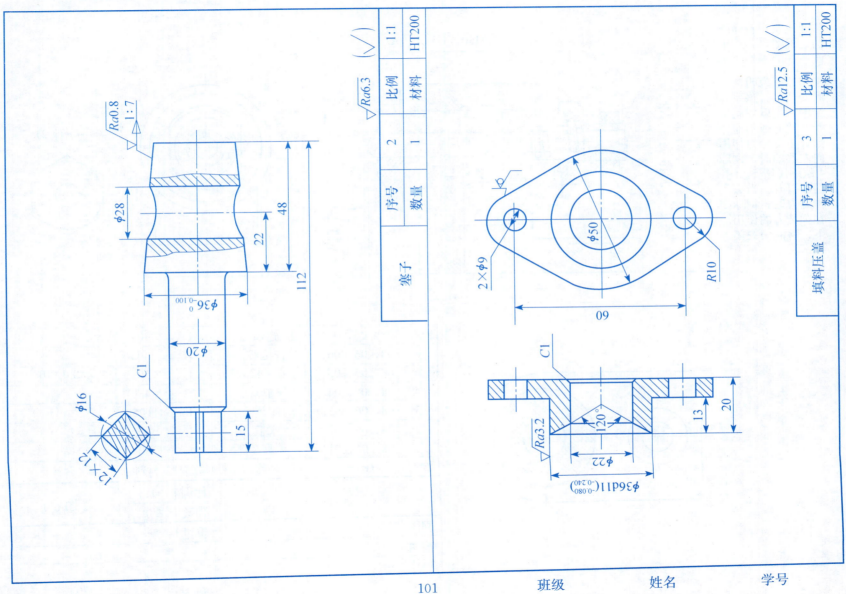

## 9-2 看装配图——阀

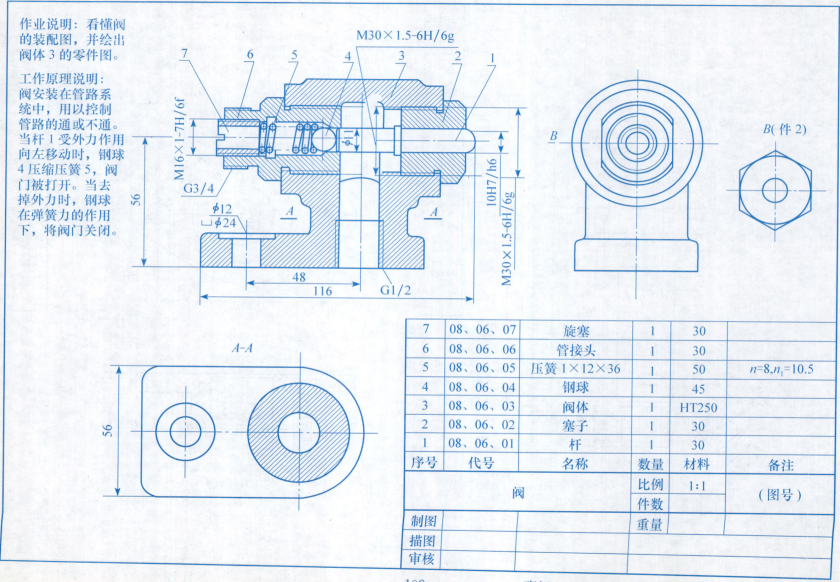